José Ezequiel Kameniecki

Konstrukcja lustra

José Ezequiel Kameniecki

Konstrukcja lustra

Powieść

Wydawnictwo Bezkresy Wiedzy

Cover image: www.ingimage.com

This book is a translation from the original published under ISBN 978-620-0-10429-8.

Publisher:
Wydawnictwo Bezkresy Wiedzy
is a trademark of
Dodo Books Indian Ocean Ltd., member of the OmniScriptum S.R.L Publishing group
str. A.Russo 15, of. 61, Chisinau-2068, Republic of Moldova Europe
Printed at: see last page
ISBN: 978-620-0-54114-7

BUDOWA LUSTRA
(nowy)

José Ezequiel Kameniecki

Do Luisy Osdoby

Do moich rodziców

Do Samanthy, Nataniel

Do Adriela i Sheili

Do Fabiana i Sonii

Do Daniela Andiny

Przedmowa

Zawsze uważałem, że autentyczny akt poezji jest wystawą chaosu: to znaczy Antilogosem. Przetłumaczone: zbudować lustro. Konstruować środki do niszczenia, rozdrabniania, łamania rzeczywistości, odwracania jej, budowania anty-nowidzenia, które jest oczywiście powieścią w najlepszym znaczeniu. Albo pogłos powieści: powieść, która sprawia, że wracasz, zmieniasz kierunek. Odzwierciedlać, w skrócie, odzwierciedlać, przedstawiać w obrazach.

Tu w tej wspaniałej książce Józefa Kamienieckiego jest wszystko: przełamywanie obrazu jako tworzenia obrazu, przyjmowanie pęknięcia jako doskonałości, fałdu jako gładkości, eliminowanie fałszywej całości rozumu, przedkładanie prawdy nad prawdę dogmatu, władzy, autorytaryzmu. Wyeliminować zasadę autorytetu w gatunkach literackich, zrobić złe czytanie nauczycieli, jak Harold Bloom myśli, że jest jakość silnych poetów.

Powiedziałem wspaniałą książkę, ponieważ zadziwia i schodzi z każdej półki, etykiety, klasyfikacji, porządku, rutyny, przeciętności. Bo to jest magia.

Każdy niemożliwy labirynt jest formą chaosu, a może chaos jest niemożliwym dekodowaniem labiryntu, niepenetrowaniem lustra.

"W końcu to słowo jest kłamstwem", podsumowuje Kameniecki. Pewnie dlatego, że to miraż. A kłamstwo jest jedyną prawdą, poezją, gdzie prawdy, umieszczone z tyłu, powiedzieć dziurę.

Miliony pracowników spieszą się w kierunku celu, o którym nie wiedzą. Co więcej, nie mają oni możliwości zakwestionowania samego aktu wysiedlenia.

Wszystkie wydają się być zaprogramowane; każdy z nich ma swoje własne przesłanie. Ale tylko jeden przybędzie, aby zatopić się w wielkiej masie i wykonać rozkaz, którego nie zna. W rozkazie jest napisane: "BUILD THE MIRROR."

Posłaniec przeszedł przez ogromną przestrzeń z tym pismem. To samo, co jego koledzy robili przez miliardy lat.

A jednak minęło tak niewiele czasu, odkąd lustro zaczęło się zarysowywać.

Zwierciadło życia, ale i śmierci; z przodu i z tyłu.

Właściwie, to zamówienie jest dwojakie: "WZROST I WIELKOŚĆ" i "ŚMIERĆ".

2. Zbuduj Lustro, zbuduj Wielki Mur lub Labirynt Kretyński. Zbudowanie lustra wydaje się niemożliwe, ponieważ istnieje niebezpieczeństwo, że zgubimy się w zbudowanym przez nas szklanym labiryncie i nie znajdziemy wyjścia, albo że rozpacz lub głód zamieni nas w Uroborosa, potwora, który sam siebie pożera.

3. Każdy z pracowników jest do tego stopnia podobny do innych, że prawie niemożliwe jest rozpoznanie tożsamości poszczególnych osób, a gdy dojdzie się do celu, nie ma możliwości stwierdzenia, czy dany pracownik należy do tego samego kontyngentu.

Operatorzy mają głowę, korpus i ogon. Głowa jest przymocowana do nadwozia, co oznacza "wagonowy ogon". Wszechświat jest ciemny i to wydaje się być powodem, dla którego brakuje im oczu, jak kretów i morlaków.

Wydaje się jednak, że ścieżka została wytyczona z wyprzedzeniem.

4. Do zbudowania lustra potrzebne jest polerowane szkło o doskonałej przezroczystości. Żadne zadrapania ani pył nie są tolerowane. Szkło musi być traktowane z najwyższą starannością.

Wtedy zostanie pobity.

Nigdy nie należy zapominać, że rtęć wydziela toksyczną substancję, która powoduje szaleństwo. Zarówno kruchość szkła, jak i niebezpieczny charakter pierwiastka chemicznego wymagają rygorystycznych środków bezpieczeństwa.

Ale i tak nadejdzie to szaleństwo.

5. Fala pływu ma nie do pogodzenia siłę. Nie ma możliwości powrotu, pomimo mistyków tantryzmu ("Droga lewej ręki").

Spermatogeneza, jak wszystkie procesy życiowe, jest powielaniem. Ścieżka prefiguruje zapłodnienie jako skalę, tak że odtąd w nowym stanie kontynuowany jest proces geometrycznego powielania.

Wszelkie powielanie prowadzi, w jakiś sposób, do trójkątnej organizacji. "Każde pokolenie", mówi A. Kwadrat - dodaje jedną stronę do drugiej." A Dante: "Człowiek jest czworoboczny."

Ponieważ każda formacja sygnalizowałaby nową próbę dotarcia do FORMY.

6. To wszystko wydaje się takie proste. Z jednej strony, możliwość refleksji, a z drugiej - brak możliwości. Żyjemy na poziomie zdrowego wyglądu.

Jedyne, co musimy zrobić, to dostać się przed nią.

Stoimy przed nowym światem, wszechświatem, który kształtuje rzeczywistość, który ją ogranicza.

Żyjemy ograniczeni przez świat luster.

Wszystko czego potrzebujemy to światło... i uznanie.

7. P.B. patrzy na swoją męską kończynę w lustrze i znajduje ją tak małą, że bierze nożyczki do obcinania włosów łonowych, aby uzyskać powiększony obraz. Ta operacja przed lustrem nie jest w stanie zmodyfikować jego pierwotnej percepcji.

8. W intymności, zachowanie przed lustrem jest dziwne. Może dlatego, że tylko w lustrze mamy do czynienia z tym, co intymne. Dziwność i intymność są związane ze snem.

W sesji psychoanalizy próbuje się ująć wymarzone obrazy w słowa.

Myślę, że *Via Regia* jest lustrem.

9. Nauczyliśmy się być, naśladując. Ustawiamy się do tyłu, a potem odwracamy się. Być może właśnie dlatego jesteśmy jedynymi istotami, które mogą się kochać twarzą w twarz.

10. Przypadki są widmami.

C. S. jest młodym człowiekiem, który napisał wiersz, patrząc na siebie w lustrze. Jego imię jest takie samo jak postać w opowieści o lustrach. Matka C.S. powiedziała nam o tym podczas pierwszego wywiadu. Nazwała Jorge'a Luisa Borgesa, poetę, według niej, który zainteresował się tematem luster "być może z powodu niemożności przekazywania emocji"; tak jakby kobieta szukała przyczyny swojej własnej emocjonalnej nieudolności w lustrach.

Edypa (i Borgesa) ślepota i metamorfoza Narcyza, gdy widzi swój obraz odbity w wodzie. Z przodu i z tyłu.

11. Herodot opowiada o procesie między Frygijczykami i Egipcjanami, którzy spierali się o to, który z tych dwóch ludów był najstarszy. Frygijczyk wyruszył, aby wychować dziecko, uniemożliwiając mu usłyszenie jednego słowa. Kiedy dziecko zaczęło mówić, jego pierwsze słowo lub bełkot znalazło frygijskie znaczenie (*bekkos*, chleb), słowo uważane za pierwsze, które zostało wykute w ludzkim języku (stąd *bekkesélenos oznaczałoby* "przed księżycem"). W ten sposób ustalono, że Frygijczycy byli starsi od Egipcjan.

Ale nie zadowoleni z eksperymentu, Frygianie postanowili wyciąć języki stu przyszłych matek, które były całkowicie odizolowane po porodzie. W wieku pojawienia się języka setka dzieci mówiła w języku frygijskim i w ten sposób potwierdziła jego większą starożytność.

Wydaje się, że troską obu narodów było określenie oryginalnego języka. Znamy tragiczny los tych frygijskich dzieci. Ale jak skonstruowana jest nieświadomość głuchoniemych? A ślepych? Musimy nadal grzebać w patologii. Freud robił badania nad afazją. Lacan badał zaburzenia językowe według badań Jackobsona, tak jakby Freudowska Nieświadomość wyrażała się w stylu afazji. Afazja, to wydaje się być kluczem.

12. Ponad tysiąc lat później eksperyment został powtórzony, tym razem z inspiracji Jego Wysokości Króla Fryderyka II (Fryderyk-Roger z dynastii Hohenstaufen), cesarza Świętego Cesarstwa Rzymskiego, który był wielokrotnie ekskomunikowany przez różnych papieży.

Salimbene da Parma, franciszkański kronikarz i naoczny świadek wydarzeń oświeconego monarchy, mówi nam, że kiedy tłumaczył klasykę, był zdumiony drugą księgą *historii* Herodota. Od tego czasu zaczął opracowywać urządzenie do odkrywania, które było najstarszym językiem (mówi się, że mógł również inspirować się książką *Wilder Mann,* anonimowego autora, wydaną dopiero w 1270 roku). "Czy byłby to hebrajski, najstarszy jak myśleli uczeni, czy syriacki, język słoneczny, jak tradycja by go miała, i dlaczego nie grecki, łacina lub język ich ojców", zastanawiał się Fryderyk.

Chociaż Herodot przypisuje się naiwność Greków, którzy uwierzyli w to, o czym mówili Egipcjanie o eksperymencie faraona Psametyka I (historia jest jońskim żartem najprawdopodobniej wypożyczonym z Hekatei), dla Fryderyka, prekursora idei renesansowych, ciekawość stała się obsesją. Następnie wybrał grupę matek, które mają urodzić (w innej wersji nazywają je sierotami), którym kazano nie rozmawiać z nimi, nie kąpać ich, a jeszcze mniej pieścić ich dzieci.

Obaj kronikarze zgadzają się co do wyniku tych doświadczeń: wszystkie dzieci zmarły.

Wiadomo, że podobne eksperymenty przeprowadzali inni oświeceni królowie. Akbar Wielki, w Indiach; Jakub IV ze Szkocji, który myślał, że dzieci będą mówić po hebrajsku lub wymyślać nowy język.

Doświadczenia te byłyby powtarzane w różnych formach, od nowych teorii, przy użyciu bardziej odpowiednich metod. Odkąd Rousseau przedstawił historię Dobrego Dzikiego, wierzono, że w tak zwanych "prymitywnych" narodach, w dziecku, a nawet w kobiecie, istniały ślady człowieka przed "triumfem" cywilizacji. Do dokładnych badań potrzebny był tylko jeden egzemplarz, "żywa skamielina", lustro zwrócone ku przeszłości.

Kiedy w lesie l'Aveyron znaleziono dziecko zagubione w stanie całkowitego opuszczenia, nazwano je Wiktor. Mimo, że Pinel zdiagnozował go jako dziecko głęboko upośledzone umysłowo, podobne do tych, które obfitowały w Le Salpêtière, społeczność mędrców interpretowała go jako prawowite "dzikie dziecko" lub zdziczałe. Pomimo podjętych wysiłków, nie poczyniono żadnych postępów w edukacji dzieci, co było interpretowane jako sprawdzanie istnienia dzieci wychowywanych przez zwierzęta, jak twierdzą niektórzy naukowcy do dziś. Później, z Kasparem Hauserem, ten mit został wzmocniony.

I eksperyment trwa dalej.

David Hume uważał, że ludzkie rozumienie nie obserwuje żadnego związku między przedmiotami, nawet związek przyczynowo-skutkowy; Empedocles of Agrigento, że wszystkie przyczyny są magiczne. Wszystko wskazuje na to, że mitycznego pochodzenia języka nie należy szukać w historii, ale w genealogii.

13. Genesis

I, 1: Na początku były dwa: Ja i Lustro. Istota panowała we wszechświecie samym w sobie; Lustro nie wiedziało jeszcze, jak się odbijać. Reszta, pusta i niechlujna. Obaj nie mieli rzeczownika przed wymówieniem czasownika.

I, 2: W wieczności czas nie stał się, tylko wieczystą obojętnością, gdzie wszystko było niczym. Nie ma sprawy. Wymiar Bycia pokrywał się dokładnie z wymiarem całości bez granic.

I, 3: I wtedy Chance skonfrontował się z nimi. Nie było świadków tego pierwszego spotkania Jaźni z Lustrem.

I, 4: Być może wgniecenie zmieniło gładkość powierzchni kryształu, a może niepokojący blask zadziałał jak wabik. Być może, mały poprzednik prochu, z którego jesteśmy stworzeni, mógł zasłonić swoje boskie oczy. Nic nie wiadomo.

I, 5: Odkrycie Lustra i odkrycie siebie w jednej chwili utworzyło oryginalne połączenie. A Istota dotknęła jego nieskazitelnego ciała i zapytała się, czy wada jest w Nim, czy też jest mu obca, a on zadziwił się drugim. Ale on był samotny.

I, 6: Potem wyartykułował to słowo. Jaka to wielka niespodzianka, gdy je usłyszałem! I był zdumiony, że jego życzenia spełniły się, gdy tylko zostały wyrażone.

I, 7: Stworzył człowieka na swój obraz, ale był ślepy, tak że nie widział swego stwórcy jako takiego jak on i nie dostrzegał winy w Bycie (Scolo: mówi się też, że Istota nazywała jego własne, zdeformowane stworzenie obrazu).

I, 8: Podczas gdy ślepe stworzenie błąkało się w ciemnościach, On odpłacił mu się, dając mu towarzysza na swój obraz (tak wielkie Jego miłosierdzie); "obraz obrazu", nazwał go. Kobieta służyła jako odbicie jego cienia.

I, 9: W dniu, w którym człowiek dostrzegł w niej coś, co nie pokrywało się z jego własnym wizerunkiem, ta różnica go martwiła.

I, 10:

I, 11: Wtedy Istota odrzuciła stworzenie i skazała ich na życie z pozoru; otworzył ich oczy i dał im dar mowy. Wtedy, mężczyzna i kobieta zostali zrzuceni z otchłani nieba.

Istota rozbiła się w Lustrze i zetarła je swoim oddechem, aż do utraty jego konturów.

14. Możemy nie być w stanie zobaczyć, nawet przy nienaruszonym wydziale wizualnym. To samo odnosi się do postrzegania innych zmysłów.

W pierwszej dekadzie XX wieku pojawiła się idea opóźnienia, odpowiednik nieograniczonego "postępu", zaczerpniętego z chemii, z katalizatorów, który doprowadził do powstania koncepcji zahamowania.

To, co jest hamowane, było związane z grzesznymi. Ale są tacy, którzy "zakłócili sen świata", ci, którzy obudzili się, aby spać przeciwko tym, którzy udawali, że "prawdy" są ukryte, tłumione.

15. Aby zbudować lustro, trzeba zgrzeszyć; jego budowa jest świętokradztwem.

Kto będzie patrzył na siebie? Kto będzie patrzył na siebie, aby zobaczyć siebie?

Wielu ostrzega przed obecnością lustra. Ale niewielu ryzykuje postrzeganie go jako takiego. Jest więcej tych, którzy się ukrywają, tych, którzy wolą ignorować jego istnienie i udawać, że lustro jest niczym innym jak kontynuacją środowiska lub zasobem dekoracyjnym.

Według relacji infanta Don Juana Manuela w "El brujo posterado", Don Illán, alchemik z Sewilli, pozwolił dziekanowi Santiago zejść do lustra w piwnicy. Kapłan widział przyszłość, gdy kontemplował siebie w dziele czarów i w świetle dowodów swojego przyszłego kłamstwa nawet nie próbował ukryć faktu, że widział siebie, ale został bez pieczonych kuropatw.

16. Lustro, z wyglądu, jest niczym więcej jak kawałkiem niebieskiego szkła. Jego tylna strona, podobna do papieru lub farby, zaburza naszą percepcję. Bo jest tylko jedna strona, która jest lustrzana. Głębokość i perspektywa są jego arcydziełami. Co to znaczy nie widzieć siebie odbitego: być martwym, oszaleć, patrzeć na siebie do góry nogami?

Od czasów starożytnych lustro było uważane za boski atrybut. Albo demoniczny. Odbity obraz może być w nim uwięziony na zawsze.

Temat ten był często poruszany w literaturze przedmiotu. Niezliczone historie opowiadają o przygodach bohaterów, którzy zostali uwięzieni wewnątrz lustra. Zostali przekształceni w istoty, które widziały nie będąc widzianymi, które słyszały, ale bez względu na to, jak bardzo krzyczały, nie mogły sprawić, że się usłyszały.

Desperację wywołaną przez te sceny można porównać do katalepii (dziwnej choroby, której kazuistyka zamraża krew: tych pogrzebanych żywcem). Ci, którym udało się uniknąć pochówku, ocalali, zgadzają się w opowiadaniu o swoich doświadczeniach. Wiedzieli o wszystkim, co się wokół nich dzieje. Ich zdolności sensoryczne zostały w pełni zachowane, więc mogli widzieć, słyszeć, ale nie mogli wykonywać żadnych ruchów, ponieważ cierpieli na uogólniony paraliż ruchowy. Wiedzieli, co się dzieje. Że zostali zbadani przez lekarza, że zostali uznani za zmarłych, że reakcja ich krewnych - niekiedy pewne postawy bliskich im osób motywowały później pęknięcia w tych nielicznych przypadkach, które udało im się uratować - a oni żyli jawą snu i nieopisanym stanem przyjemnego relaksu. Więcej niż relaks, można by mówić o sztywności trupów.

Jak sklasyfikować ten stan?

Porównanie więźnia lustra z katalizatorem jako analogii, aby móc zaświadczyć, że ani jedno, ani drugie nie należy do królestwa "żywych". W tym zapisie doświadczenie kliniczne próbuje odtworzyć proces, w którym powstaje ja.

Katalepsa przypomina - lub przesada - katatonię. Częściowa wersja pierwszej, która produkuje żywe posągi, ożywione istoty z martwymi częściami ciała. Istoty, które postrzegają sektory siebie jako trupy. Niepochowane ciała padły na polu walki "I". Fragmentaryczne obrazy. Niektóre części, które nie odbijają się w lustrze nie mogą być reprezentowane.

Myślę o oku, że niebo otwiera się za każdym razem, gdy patrzymy na nie od przodu, a to sprawia, że grymasimy, gdy patrzymy z dala.

"The All-seeing Eye" (*Ain ein suf*), nie widzisz już nic?

Upiory, spekulacje, miraże.

17. Gąbki. Gąbki z tysiącami otworów. Skóra. Pory.

Chropowata powierzchnia wypełniona otworami komunikacyjnymi, odizolowana. Antonimia lustra. Chociaż w lustrze znajduje się por, reprezentowany przez otchłań, to jednak głębia.

Gąbka wskazuje drogę do ciała; lustro, brak wyjścia. Bo na zewnątrz jesteśmy praktycznie sobą.

Przyznanie się do dziur oznacza przyjęcie możliwości bycia. Refleksja, próba komunikacji intersubiektywnej.

Ale ta dziura, ta głębokość, może nas połknąć.

18. Po zapoznaniu się z tysiącem twarzy, z którymi zwykle wiąże się strach, byłem w stanie go tylko pokonać.

Teraz jestem przerażony!

19. Istnieje przekonanie, że duchy przejmują dusze ludzi, których obraz znajduje odzwierciedlenie w wodzie (jeziorze, rzece, studni).

Grecy mieli polerowane brązowe lustra. Woleli patrzeć na siebie na powierzchni wody stojącej, co dawało im wyraźniejszy obraz. Ale ten zwyczaj był cenzurowany, uważany za niemoralny, a nawet niebezpieczny.

W kilku swoich pracach Plutarch zwraca uwagę na związek pomiędzy szaleństwem a lustrem. "Ten, kto widział nimfę w fontannie, oszalał"; odwołuje się do legendy o Entelidasie, która zadowolona ze swojego odbicia w wodzie strumienia zachorowała na własne złe oko, a kiedy odzyskała zdrowie, straciła urodę. Greckie słowo "nimfa" (νύμφη) oznacza, między innymi, "pannę młodą" lub "zawoalowaną", młodą kobietę w wieku małżeńskim. Inni odnoszą się do tego słowa (a także do łacińskiego *nubere i* niemieckiego *Knospe*) jako do korzenia, który wyraża ideę "uprawy" (według Hessika z Aleksandrii, jednym z znaczeń νύμφη jest "rosebud"). A dla innych etymologów pochodzi ona z fenickiego *nefeszu* (duch, dusza), a *labia minora* również otrzymuje to imię.

Ale to właśnie indyjscy myśliciele po raz pierwszy poczęli związek między lustrem a śmiercią, związek, do którego Lukrecjusz powróci w *De Rerum Natura.* Zarówno Grecy jak i rdzenni Amerykanie dawniej oferowali lustra podczas ceremonii pogrzebowych.

Dla Inków patrzenie w lustro (obsydian) było przedmiotem kpin, czymś dla kobiet lub homoseksualistów. Kobiety z królewskiej krwi, wśród Inków, używały wysoko polerowanych srebrnych luster lub pummelowały pospolite kobiety.

Prorocy biblijni twierdzili, że mają swoje wizje w pochmurnym zwierciadle, które nazywali *spaclarią.* Cansinos Assens powiedział: "W Izajaszach wznosi się do kontemplacji przyszłości w apollońskich lustrach...".

W żydowskich pobudkach obowiązkowe jest zakrywanie luster; gdyby nie były one zasłonięte, mogłoby to być straszne.

W niektórych prowincjach Francji, aż do początku XX wieku, zwyczajem było zakrywanie luster kocem i zakrywanie pojemników pełnych wody, w obawie, że dusza zmarłego pozostanie w niewoli. Kiedy ostatnie obrzędy były udzielane umierającym w domu, lustra musiały być przykryte, aby nie pomnożyć Sakramentu Świętego przez lustra.

Niektórzy seksolodzy definiują narcyzm jako "formę chorobliwego podziwu dla własnej osoby". Uważają, że w tej patologii - rzędu aberracji seksualnych - lustro materialne jest wtórne, ponieważ "zależy od lustra wewnętrznego, które daje zniekształcony obraz".

20. Jak już mówiliśmy, budowa lustra jest jak budowa Wielkiego Muru czy Labiryntu. Stamtąd można tylko obserwować, co dzieje się na zewnątrz, jak koczownicy, którzy według Kafki byli jedynymi, którzy mogli mieć przegląd. Psychika jest zamurowana. Pamięć jest wykuta z zachowanych i zniekształconych obrazów kalejdoskopowych, które mogą być odtworzone tylko z ich ujawnień.

Wielki Mur, Labirynt. The Wonders of the World.

Dziecko patrzy w lustro.

21. Rzadki blask odbija mi się od twarzy. Bolesny blask, który pozwala mi się obudzić. "To ty" lub "To ty" (w sanskryckim *tat tvamie jak ten),* wykrzykuje kolejny o doskonałej sztywności, który pokazuje mi ciało zmuszone do bycia moim.

"Więzienie zmysłów", krzyczy głos z wirtualnej przestrzeni. "Więzienie zmysłów."

22. Kafka w labiryncie

Kafka w celi odbija. Nie rozumiesz powodu swojego przekonania. Opiekunowie mają rozkazy działania, gdy tylko uświadomi sobie niesprawiedliwość swojej niewoli; wiedzą, że zacznie kwestionować Prawo i będzie próbował je łamać, od momentu, gdy zda sobie sprawę, że został uwięziony z powodu swojego przyszłego przesłuchania; z powodu swoich intencji, a nie z powodu swoich działań.

Kafka myśli o każdym geście, oblicza każdy malutki ruch, który ma być wykonany, i próbuje jak aktor, mentalnie, konsekwencje, które mogą z tego wyniknąć.

Ponieważ nie zna brzmienia ustawy, nie jest jeszcze możliwe, aby go o tym osądzić, ponieważ jego wina została skazana zgodnie z tym, co ma być. Dla więźniów jest on niewątpliwie potencjalnym przestępcą; chociaż wiedzą, że kara spadła na przyszłe pragnienie, to nie jest to ich sprawa. Ostrzega się ich, że gdy więzień zdobędzie wiedzę na temat prawa, będzie je krytykował, kwestionował i chciał je obalić.

Być może z powodu warunków porodu zaczyna narzekać na nieuczciwość porodu; wtedy jego wyrok jest podwyższony.

Teraz nazwali swoją osobę: On; nazwij przestępstwo: pragnienie nieposłuszeństwa; nazwij karę: dożywocie.

Przychodzi mu do głowy, że próbuje przekonać swoich strażników, pokazując im, że oni również są w więzieniu, skazani na dożywotnią ochronę; ale rezygnuje z tego pomysłu, narzucając mu szereg pytań: Czy to jego własne pragnienia doprowadziłyby go do stworzenia systemu kar i nagród? Czy sprawiedliwość działałaby tylko dla niego? Czy byłoby możliwe, aby świat opierał się na pragnieniu bez imienia, niemożliwym do poznania, a tym bardziej do spełnienia, ponieważ nie ma takiego impulsu, ani nigdy nie będzie?

Domyślam się, że pragnienie i zakaz byłyby nie do pogodzenia i współzależne, a zatem oba te terminy byłyby niemożliwe do pogodzenia. Chyba, że zrezygnował z bycia traktowanym jak więzień oczyszczający się z przestępstwa identycznego z nagrodą: wyjściem?

I zaczyna przemawiać głośno, nie martwiąc się, że go usłyszą:

"Po drugiej stronie muru muszą być inne cele, inne więzienia, ze strażnikami, którzy, tak jak mój, muszą wierzyć w wyższe prawo narzucone przez prawo, którego nie znają, ale którego nie zgadzają się kwestionować, być może dlatego, że służyły one generowaniu chęci jego naruszenia". I dopóki są przekonani, że są sędziowie, którzy sprawują we mnie sprawiedliwość, którzy z kolei są przekonani, że zostali powierzeni sędziemu zgodnie z prawem, które je wbudowało w takie

I mów dalej: "Po drugiej stronie muru byłyby inne mury, i inne, i inne. To, co pojmuję jako świat, musi być szkieletem lustrzanych murów zbudowanych przez złą istotę pochyloną nad insynuacją zewnętrza, zewnętrza, jako nagrody. Iluzja bycia wolnym dawałaby początek grze, którą można by nazwać "szukaniem *wyjścia...*"

Kafka, zamknięty w celi, odbija się:

"Czy to nie istnieje na zewnątrz? Czy wszystko jest wewnątrz? Mury, strażnicy, sędziowie, prawo, niewola, te kraty... ja? Nie ma nic na świecie, prawda?"

23. Stolik dla dwojga. Duplikat. Zegnij. Model domino.

Strategia polega na tym, aby wiedzieć, jak zlokalizować sobowtórów. Rozwijają się one powoli, w bardzo wolnym tempie.

Dziecko martwi się o reprezentowanie podwójnego zera. Dziecko, pod nieobecność, wyraża się: "To jest nic, to jest nic". On ma rację. Ale tak nie jest.

Słowo *zero* jest pochodzenia arabskiego (*sifr*, tłumaczenie z sanskrytu *sunya*) i oznacza *nieważne,* lub *nic* (jeszcze lepiej, *żaden*, z sanskrytu *nirguna*: brak właściwości). Co ciekawe, słowo *szyfr* ma to samo pochodzenie i identyczne znaczenie: zero, ostatnie, które przybyło, nadało wszystkim pozostałym nazwę rodzajową. Chociaż istniała ona w matematyce babilońskiej, Chińczycy i Hindusi kwestionowali pierwszeństwo wynalezienia 0. Aby wykonać operacje arytmetyczne, babilońscy matematycy pozostawili pustą przestrzeń pomiędzy dwiema cyframi, tak jak w piśmie, pomiędzy dwiema literami. Mówi się, że Majowie odkryli to między IV a VI wiekiem naszej ery. W Inca kipusie jest 0 jako brak węzła. Nieznani Grekom i Rzymianom, swoje kroniki rozpoczęli w I. Postaci te zostały rozpowszechnione przez Arabów, a w średniowieczu stały się znane w Europie dzięki krzyżowcom. Został on przyjęty na Zachodzie z dzieła *Liber Abaci,* napisanego w 1202 roku przez Leonarda da Pisa, który nazwał go *zefirum*. Następnie, pod koniec XV wieku, został zamieniony na włoskie *Zero.*

Czy można tu zastosować teorię tak samo drogą Freudowi, jak została ona odrzucona przez Benveniste'a, która przypisuje antytetyczne znaczenie prymitywnym słowom?

Domino, szachownice i warcaby są czarno-białe jak strój harlequina.

Na białym tle zera pojawiają się serie czarnych punktów, od 1 do 6, które nigdy nie pokryją całkowicie bieli. Nie ma żadnej możliwej liczby. Stanie się ona konkretna tylko na odwrotnej stronie, która jest cała czarna, gdzie zostanie całkowicie zakryta i straci swoje znaczenie, ponieważ nie pojawi się nawet jedna insynuacja.

Ze względu na funkcję ukrywania (tajny zapis nazywany jest "zaszyfrowanym"), wszystkie żetony muszą być odwrócone, aby je pomieszać, i niech przypadek zdecyduje. Z boku każdej płytki widać dwie twarze, jedną białą i jedną czarną.

Dieta ma tę samą strukturę. Kości pochodzą z *datum*, choć niektórzy etymolodzy wolą odnosić je do *fado,* co oznacza szczęście, przeznaczenie, szansę (z arabskiego, kości do gry), szczęście, szczęście; *tyche.*

Dzieciak naprawdę się denerwuje z powodu podwójnego zera. On nic nie wytrzyma.

Mam białe domino na czarnym tle. Zero to czarny chip, jak ten z tyłu. Dziecko M. R. nie rozróżnia podwójnego zera, dla niego to zbiega się z przodu i z tyłu, nie obraca tej płytki do mieszania, mimo że z tyłu ma rzeźbioną, lwią postać w reliefie. On nie zna się na tym, co gładkie od surowego.

24) Podobnie jak w przypadku butów i rękawic, wiedza tworzy się w enantiomorficznych przestrzeniach. Często zdarza się, że dostajemy niewłaściwą rękawicę i wyzywamy naszego przyjaciela na pojedynek i zabijamy go; lub przestajemy istnieć w przekonaniu, że pokonaliśmy wroga.

25. aby istniała możliwość dialogu, postacie muszą mieć tę specyfikę, że mogą odzwierciedlać stanowiska i myśli, to znaczy być lustrami.

Model wydaje się pozostawać labiryntem.

Uwięziony człowiek na szczycie labiryntu, pochodzenie i brak powodu. Powalić go, to zgodzić się na bycie tym człowiekiem, zastąpić go. To byłoby niemożliwe, fikcja. Bo gdyby staruszek upadł, wszystko by się rozpadło; hałas byłby nie do zniesienia. Lustro rozpadłoby się na miliony nasion, krystaliczną spermę, deszcz słońca, bogów, które zbiegłyby się w Boga, śmierci, które zbiegłyby się w czasie ze śmiercią.

Mądrzej byłoby podążać za modelem lustra.

Cofnij się. Za lustrem szukają dziecka i małpy, i oboje są zaskoczeni. Potem joga, *dikr i* Ike Inemak dysharmonizują wewnętrzną melodię i ktoś

może zostać uwięziony; ktoś, kto jak w opowieści M.R. Jamesa, może skrystalizować się w obraz i ciągle powtarzać pierwotną zbrodnię.

26. Podagra

Śniło mi się, że jestem u stóp stromej góry. Szczyt był ukryty przez białe włosy dymu, które tworzyły koła, których kontury rozmywały się w malejącym zakresie błękitu.

Musiałam zdjąć buty, żeby pozbyć się irytującego kamienia, który utkwił mi między palcami i ściskał je. Gdy tylko postawiłem stopy, poczułem, że ziemia jest mokra, miękka, co mnie zaskoczyło, ponieważ szukałem źródła, które ugasiłoby moje pragnienie w tym regionie, gdzie od zeszłej zimy nie padało. Potem spojrzałem w górę i odkryłem delikatną kroplówkę płynącą po cichu z góry. Chciałem odkryć pochodzenie podagry.

Zacząłem się wspinać, na początku z wyboru; potem dałem się ponieść impulsowi, który nie pozwalał mi dostrzec sensu moich działań. Wspiąłem się na górę, ale nie znalazłem źródła, zrobiłem to bez obawy o to, dokąd zaprowadzi mnie ścieżka skalna.

Aby zawroty głowy nie spowodowały mojego powrotu, unikałem patrzenia w dół, tym bardziej, że szacowałem, że pokonałem już pierwszą trzecią część trasy.

Było gorąco; było tak, jakby promienie słońca zgodziły się uderzyć w cel moich pleców w unisonie; nękało mnie pragnienie i zmęczenie. Szukałem miejsca, gdzie mógłbym się schronić. Kilka kroków w górę znalazłem kawałek skały skąpany w cienkich pasach cienia. Usiadłem na kamieniu, który był zimny; dopiero wtedy udało mi się odzyskać wydział myśli.

Teraz stanąłem przed dylematem, który musiałem rozwiązać, zanim zaskoczyła mnie ta noc, bo nie miałem odwagi zejść na dół, bo nie miałem odwagi zejść na dół. Powrót, bez wątpienia, byłby najrozsądniejszą rzeczą do zrobienia, ale nie pogodziłem się z ucieczką bez uprzedniego odkrycia pochodzenia podagry. Gdy debatowałem między dwoma alternatywami, oczy mi się zamknęły. I spałem, nie wiem jak długo, aż szmer przerywanego kapania dotarł do moich uszu, jak uwodzicielska pieszczota przerwała mój sen, przynaglając mnie, bym kontynuował, jakbym był narzędziem przeznaczenia.

W czasie, gdy słońce destylowało na czerwono brzegi góry, byłem świadkiem ciekawego zjawiska. Przepływ wody stał się wolniejszy, a krystaliczne krople zaciemniły się do ziemistego tonu. Ale jak tylko wstałem, zakłopotany nowym państwem, strona odzyskała swoją starą przejrzystość, mutację, która miała się powtarzać za każdym razem, gdy byłem zdesperowany, by nie znaleźć źródła.

Wspiął się bardzo wysoko, a jednak nie było jeszcze wiadomo, skąd się wziął ten spadek. Pod wpływem tej ślepej siły zapomniałem czasem znaleźć się w miejscu zamieszkałym przez bestie i trujące owady. Na mojej drodze stanął ogromny pajęczyny, uniemożliwiając mi podążanie płynnym szlakiem, w środku którego spoczywał czarny, owłosiony tkacz uważny na wibracje. Odraza i obrzydzenie objawiały się jako dreszcze, które przechodziły przez każdy maleńki obszar mojej skóry, popychając mnie do ucieczki. Próbowałem się uspokoić i kamieniem wielokrotnie uderzałem w ciało pająka aż do jego śmierci. Z jego ciemnych jelit wypłynęła lepka, krwawawa ciecz, która po rozcieńczeniu zamieniła się w strumień krystalicznych kropel.

Za płótnem krajobraz był inny. Ciemiste krzewy i ostrołuki wskazywały mi, że pochodzenie podagry było jeszcze dalekie. The słońce rysować tęcza w kierunku the wschód. Promienie, które bolały ciągłe krople, rysowały małe okienka na wypukłej powierzchni i w każdym z nich widziałem odbicie siebie. Dopiero wtedy mogłem obserwować siebie. Czyż nie stałem się osetem? Czyż nie był to dowód na to, że skóra gadów pokryta kolcami, znoszona przez wiatr i kamienie? Chance, ojciec testamentów, a także strachu, popchnął mnie do kontynuowania.

Każdy etap był nowym wyzwaniem. Każdy postęp i każdy odwrót był kierowany przez moje emocje. Dzięki temu byłem w stanie pokonać po kolei przeszkody, które stały na drodze i podążać za kolejnymi metamorfozami w odbiciu kropli.

Poszedłem na ptaka, wiatr, chmurę. Transmutacja mojego ciała nie odebrała mi wspomnień. Nawet gdy przestałem się podnosić z powodu intensywności moich doświadczeń, zapomniałem o przyczynie awansu.

Aureola mgły otoczyła szczyt, ale nie do końca pokryła jego obrys. Wydawało mi się, że widzę na górze postać ludzką, a gdy się do niej zbliżyłem, mogłem sprawdzić, że jest to bardzo stara osoba. Miał na sobie białą tunikę, którą wiatr oderwał i skórzane sandały z sznurowadłami, które pasowały do łydki. Ostrzeżony o mojej obecności, obserwował mnie z surowym wyrazem twarzy. Z końcówek jego palców wyszły krople wody.

Próbowałem dotrzeć na szczyt, ale on mi w tym przeszkodził; mocno zepchnął mnie ze swojej uprzywilejowanej pozycji, aby zrzucić mnie z nóg. Z jednej strony udało mi się trzymać gałąź buszu, a z drugiej, wolnej ręki, złapałem go za nogę i nie bez wysiłku udało mi się powalić staruszka na ziemię. Kiedy staruszek wbiegł w pustkę, wydał przeszywający dźwięk, który odbijał się echem. Nastąpił prysznic kamieni, chrypka lawinowa, która sprawiła, że potknąłem się i przywiozła ze sobą skały, które brutalnie rozbiły się na dno otchłani. Kiedy się uspokoiło, udało mi się zdobyć wysokość.

Zestarzał się i miał na sobie te same ubrania co staruszek. Z moich palców zaczęły wypływać krople. Złowieszczy wrzask uciekł mi z gardła, którego nie chciałem uznać za swój własny. I z mojego ciała wyszły nici, które mnie trzymały i napędzały.

Dopóki ptak nie odetnie ich nożycowym dziobem.

27. Powtarzajcie, dopóki nie będziecie bezwładni.

Powtarzajcie, dopóki nie będziecie zadowoleni.

Powtarzajcie, jak żyjemy i odradzamy się "wiecznym cyklem tęczy". Być tym, kim już byliśmy, a nie tym, kim powinniśmy być. Jakby zachował się w nas krzyk, który szumi z wnętrza jednego postrzegania.

To się zawsze powtarza; *déja vu,* czyli poezja, jest zawsze możliwe. Ale "Bóg, wszechwiedzący, jest jedynym, który wie. Ten, kto wie, będzie tym, który może, jak widać w tłumaczeniach. Kryptologia zawsze próbuje odkryć lub rozszyfrować coś złowieszczego.

Odkrywanie oznacza bezczeszczenie grobu. Lord Carnarvon i kilka osób zaangażowanych w odkrycie grobowca Tutankhamun zginęło z powodu klątwy wymyślonej przez dr Mardrusa. Klątwa istniała, ale tylko w historii profanów, w ich nerwicach losu, w ich powieściach rodzinnych. Tak czy inaczej, pisma o tak ważnym odkryciu nie mogły nigdy ujrzeć światła dziennego, zostały zredagowane jedynie w formie fragmentarycznej; nie mogły pokazać tego, co zaobserwowały, bo wyglądały. Nie wolno nam wpaść w pułapkę odrzucania przeszłości.

28. HYPOTHESIS

Hipoteza 1: Dwóch naukowców, za pomocą różnych kluczy, próbuje rozszyfrować starożytny hieroglif. Odkrywają, niemalże w tym samym czasie, że jest to płaszczyzna labiryntu. Każdy z nich wchodzi do budynku zgodnie ze swoimi obliczeniami, ale nie może znaleźć wyjścia. Uwięzieni, obaj są wewnątrz budynku. Zostaną zjedzone.

Hipoteza 2: Nakładające się na siebie historie. Łożysko. To byłby wielki problem: podtrzymać. Podtrzymać co? Psychozę? Zboczenie? Trzymaj się tego scenariusza, w którym ujawnia się inna seksualność.

Hipoteza 3: Budowanie paradoksu. Lustro, które nie odbija, historia, która nic nie mówi, labirynt, w którym nie sposób się zgubić, krzesło bez siedziska, pleców i nóg. Propozycja byłaby następująca: potwierdzić to, co zostało wcześniej przemyślane, pozwolić, aby wszystko było kontynuowane jak dawniej, aby nic się nie zmieniło, albo powiedzieć, że wcześniej było lepiej i nigdy już nie będzie tak samo. Tajemnicze, spekulacyjne obrazy, pozory bez możliwości manifestacji.

Hipoteza 4: Opracowanie nowej nomenklatury. Wymyślanie herezji, albo nowy język. Stwórzcie świat. Aby wymyślić język, trzeba być poetą, szaleńcem lub szalonym poetą. A ceną szaleństwa może być śmierć. W ten sposób język stałby się prywatnym więzieniem labiryntowym.

Hipoteza 5: Czy język jest podwójny? Lustro? Ktoś otrzymuje lustrzane odbicie z ciemnych czasów.

Hipoteza 6: Polisemia jako politeizm. Polifemus. Polifemus Cyklopa został oślepiony w jednym oku; autorem jego ślepoty jest Nikt (*Outis)*, przebiegły Odyseusz. Jedno oko? Ludzki wzrok jest niewyobrażalny. Bo wszystko asymetryczne jest potworne. Każda dziwna istota jest niemożliwa.

Hipoteza 7: Tworzenie hobby Zorganizowanie wyprawy po to, by odkryć na nowo idee w moich zeszytach, w notatkach, w książkach; w szufladach i półkach ukryte są nieznane dotąd artefakty. Muszę podjąć decyzję o otwarciu drzwi i zmierzeniu się z papierowymi tajemnicami. Ale nie zapominając o tym, że cała konstrukcja to zniszczenie.

Hipoteza 8: Lustro zostało zbudowane.
Lustro zostało zniszczone.

KONIEC WSZYSTKICH HIPOTEZ

29. Rozumiem. Stwórzcie nową nomenklaturę. Wynaleźć herezję oznacza wiedzieć, skąd wziąć ewentualne zwichnięcia, a przerwy muszą być robione od wewnątrz. Rozproszyć się. Najbardziej wysublimowaną formą tworzenia imion, *Ars Magna,* jest poezja.

Spędzać dni na polerowaniu zwrotów, które piszemy, aż zwrócą się przeciwko sobie.

30. Graj. Wynoś się. Żeby móc być różnymi rzeczami na zewnątrz siebie. Samana, która chce być motylem, skup się i bądź. Rozwijać się, żyć dwoma rzeczywistościami, jak Chuang Tzu. Nie wierząc w ideę wszechświata, w unikalną wersję rzeczywistości.

Wiedząc jednak, że wszystko jest iluzoryczne, ale i przywłaszczenie; identyfikacja. Sztuczka wydaje się bowiem być jedynie iluzją, która pozwala nam istnieć poprzez obietnicę. Wydział, który pozwala nam być jednostką, ale z możliwością fragmentacji.

31. Kraj, w którym rzucany jest cień, został najechany przez armię luster. Nie pozostaje nic innego, jak czekać, aż cień się złamie.

32. Ciało, światło i projekcja. Konieczne jest nauczenie się rozróżnienia pomiędzy tymi trzema elementami.

Echo i wokalizacja, lub *logo* i *foné*. Krzyki i płacze odbijają się w mroku. Tajemnica nietoperza polega na odbijaniu się, co umożliwia powrót własnego rzutowania.

Czasami trudno jest nam rozróżnić, co jest nasze, a co nie. Aby móc odróżnić to, co przychodzi od tego, co przychodzi z zewnątrz. Czym żyliśmy z tego, co sobie wyobrażaliśmy, co śniliśmy z tego, co myśleliśmy lub pamiętaliśmy. Jak nauczyliśmy się to rozpoznawać? Wydarzenia dzieją się w chaosie i z tego powodu.

Nagle otrzymaliśmy imię...

Bolesny dźwięk przejmuje rolę stałego bodźca. To jeszcze nie jest ważne, jak się nazywa. Powiedzmy Adam.

"Gdzie jesteś Adam, dlaczego się ukrywasz?"

Nadal nie wiemy, czy się obudziliśmy, czy śnimy.

33. Konstrukcja lustra jest dziełem architektury.

Zaczyna się od narysowania planu, a następnie przechodzi do montażu szkieletu i rusztowania. Mieszanka gęstej materii, z której później powstanie kryształ, nadal pozostaje nieprzezroczysta, czekając na moment kondensacji.

Ale moździerz potasowy lub sodowy wygląda jak dzieło alchemii. Szkło jest znane od XV wieku p.n.e., choć podejrzewa się, że jest starsze. Wiadomo, że Egipcjanie znali formułę jego wytwarzania. W Biblii wspomina się o tym w czasach króla Salomona. Fenicjanom udało się stworzyć białe szkło, które zabrali do świata śródziemnomorskiego z Sydonu do Kadyksu, skąd wyeksportowali je do świata helleńskiego. Od tego czasu, istnienie lustra można datować.

Dopiero w XVI wieku, przez przypadek, powstało szkło.

34. Gdy szyba jest niebieskawa, odbicie staje się możliwe.

Jak w każdym ludzkim stworzeniu, z czasem, wraz z doskonałością, odchyleniami, pojawiają się optyczne aberracje. W ten sposób zaczęły powstawać deformujące się lustra, które stworzyły nową teratologię.

35. Śpiąca pokrywa swoją zasłoną krystaliczny obraz lustra. Rzęsy ukrywają lustra, które odbijają to, co nazywamy "rzeczywistością".

Obiektyw mieści, ustawia ostrość i rozmycie ostrości, wskazuje na zewnątrz, ale także do wewnątrz. Patrzymy na zewnątrz i zaglądamy do środka. Jesteśmy też obserwowani z obu przestrzeni. I tylko spojrzenie może.

36. W dzieciństwie wszędzie były dziury. Na każdej ścianie był co najmniej jeden, na którym ktoś mógł mnie obserwować. Otwory zaludniły moje fantazje. Moja mama opowiadała mi ten sam film, "Spiralne schody", którego bardzo się bała, gdzie mężczyzna szpiegował dziewczynę przez małą dziurkę w ścianie. W towarzystwie moich fantazji stawałem się centrum świata, a wydarzenia działy się tylko dla mnie, gdzie każdy występował w specjalnie przygotowanej inscenizacji.

Dzieciństwo było spędzone jako efemeryczna próba zatkania dziur. Fantazje, krok po kroku, zbiegały się w konkretnym miejscu w moim domu: w jadalni.

Ten pokój, albo ze względu na sposób ułożenia mebli, albo ze względu na sposób ich dekoracji, był idealnym miejscem dla kogoś - a może czegoś - ukrytego, żeby mnie obserwować. Wchodziłam do pokoju i znajdowałam swój obraz odbity w dużym lustrze wiszącym na ścianie nad kredensem. Ograniczony przez drewnianą złoconą ramę do skrzydła z różami rokokowymi, wyglądał imponująco. Szafka miała szklany blat, pod którym umieszczono kilka fotografii, kartek i pocztówek.

Jedna pocztówka przykuła moją uwagę; miała realistyczny rysunek przedstawiający Mesjasza jadącego na białym osiołku, poprzedzony przez króla Dawida. Był to staruszek, z długą białą brodą, który nosił tunikę, również białą, z pionowymi szarymi pasami w stylu biblijnych patriarchów.

Królem był młody człowiek z czarną brodą, schludnie przyciętą, w wysokim, okrągłym kapeluszu, który trzymał wodze zwierzęcia. Ponadto, był anioł, który ogłosił z jasnym apelem o przyjście Mesjasza. Stary człowiek stał się dla mnie obrazem Boga, mimo że nie jest zgodne z prawem, aby go reprezentować.

(Bar za rogiem od mojego domu nie był postrzegany przez naszych rodziców jako środowisko przyjazne dla dzieci. Często spotykani przez starych kawalerów, którzy w tym czasie obfitowali w sąsiedztwo, uzależnieni od białego napoju, dawniej bardzo późno grali w karty lub kostki na pieniądze. Znalazłem to dziwne miejsce, jedyne miejsce, w którym można było ich znaleźć zebranych razem, ludzi, którzy kiedyś byli podchmieleni i nie przywitali się, kiedy mijałem ich na ulicy. Chłopcy lubili szpiegować ich przez okno i często byliśmy zaskoczeni. Wtedy niektórzy parafianie wychodziliby na ulicę, żeby z nami porozmawiać i zapraszali nas do środka. Kiedy zostaliśmy przyjęci, dwóch starszych mężczyzn, zawsze tych samych, wezwało nas, aby zadać to samo pytanie: "Czy widzieliście twarz Boga? Spojrzeliśmy na siebie i powiedzieliśmy nie. Wtedy obaj starsi mężczyźni, którzy wydawali się być pijani, śmiali się na siłę i nalegali: "Nie? On ma brodę..." Po latach zrozumiałam, że odnoszą się one do żeńskich narządów płciowych :)

W ciemności wrażenie wiecznego ruchu ożywiło pokój. To było tak, jakby czuł pewną niewidzialną obecność w środowisku. Wiszący na brązowym łańcuszku pająk caireles, odbijający się w lustrze. Na prawej ścianie znajdowała się szafka z przeszklonymi półkami, których wewnętrzne ściany były lustrzane. Było to miejsce, gdzie Mama trzymała naczynia, które były używane tylko przy specjalnych okazjach. Były tam wycięte szklane kubki, kubki z porcelany kostnej i różne dekoracje. W lustrzanym tle odbijała się moja twarz, cięta przez półki; bawiłam się w wymyśloną przeze mnie grę, która polegała na podnoszeniu i opuszczaniu głowy oraz układaniu puzzli z kawałkami twarzy.

Obok tego mebla znajdowała się aksamitna zasłona, czerwona cierpiała, która tworząc regularne fałdy zakrywała zamknięte drzwi, komunikujące się z sąsiednim domem. Odkryłem te drzwi przez przypadek podczas zabawy w chowanego. Na próżno zaglądałem przez dziurkę od klucza, ciemność była absolutna. Ale to odkrycie podsycało moje fantazje. Podejrzewał, że posiadacz kluczy będzie miał dostęp do pokoju i będzie czaił się za zasłoną.

Ten tajemniczy i fascynujący scenariusz wciąż wypełnia moje marzenia. A kiedy później przeczytałam "Dziadka do orzechów" E.T.A. Hoffmanna, wyobraziłam sobie, że scenerią, w której rozgrywa się ta historia, jest pokój mojego domu dziecka. Na lewej ścianie wisiał portret mojego ojcowskiego dziadka, którego nigdy nie znałem.

Zagadka śmierci leżała w tym środowisku.

37. Duchy, które nie krystalizują się, odpowiadałyby pewnym projekcjom zdezintegrowanego ciała astralnego, zwanego również "elementalami" lub *kamarupami*. Obrazy te mogą być wykrywane w pewnych regionach lustra, gdzie powstaje cień, który często jest mylony z przyleganiem kurzu lub brakiem rtęci.

Te quasi-pojca, które mieszkają w penumbrze kryształu, zwykle prezentują się w sposób przerywany w postaci muchy ognia. Wtedy lustro ożywa w ciemności.

38. Araukanie mówią, że Chachao żył w niebie i znudził się wiecznością. Postanowił zejść na ziemię, która nie była jeszcze sucha od deszczu, gdzie wszystko było ulotne i zmienne. Zstąpił na "Drogę Niebieską", Drogę Mleczną, która w tym czasie dotarła do pampy. Tam stary Indianin, który był wiecznym dzieckiem, lubił brudzić sobie ręce i chlapać po zalanej ziemi. Wziął do rąk glinę, z której formował różne figury i wydmuchał je do życia: stworzył zwierzęta. Innym ciosem odpędził deszcze, wysuszył bagna, aby potwierdzić pieszczotę i dać im miejsce do biegu. Gdy odpoczywał, zobaczył swój wizerunek odbity w stawie i poczuł chęć odtworzenia go w figurkach ubranych tak jak on: z chiripą i ponczem. Nie były to dokładne kopie, ponieważ Chachao był w dobrym nastroju i chciał się tylko z siebie śmiać.

Zmęczony bieganiem przez suchą pampę, rea wykorzystała rozproszenie uwagi Chachao, by wspiąć się na Camino del Cielo. A kiedy wspiął się na jakieś odcinki, Stary Indianin zdał sobie sprawę, że to stworzenie zrobione z błota będzie brudzić niebiańskie wyżyny i rzucał w niego swoimi boleaderkami. Przestraszony, ptak wrócił do pampy, ale zostawił ślad swoich trzech palców i ostrogi, Krzyża Południowego, gdzie zaczyna się Droga Mleczna. Były też boleadoras: Alfa i Beta del Centauro.

Podczas gdy Chachao był zajęty straszeniem rei, jego brat Gualicho zszedł na ziemię i zagrał na nim żart: dmuchał na kreskówki. Obaj bracia przestraszyli się, gdy te groteskowe dwunożne stworzenia zaczęły się poruszać i biegać jak bogowie. Przerażony, Chachao powrócił do swojego mieszkania przy Drodze Mlecznej, aby nigdy nie wrócić, i swoim kamiennym nożem przeciął drogę do nieba, aby te potworne istoty nie mogły się wznieść; podobnie jak jego brat, jako kara za wtłoczenie boskiego oddechu do tych groteskowych i ulotnych glinianych monigotów.

Od tego czasu Gualicho, podczas burzliwych nocy, kiedy widzi na niebie piorun swego brata, woła o litość głosem grzmotu. Błyskawice i grzmoty to nieustanny dialog pomiędzy Chachao i Gualicho. Ale to wszystko na próżno, bo nigdy nie uda mu się uspokoić gniewu Chachao. I aby zniszczyć swoją lekkomyślność, poświęca się unicestwianiu ludzi z chorobami, wojną i głodem. Robi to jednak z dystansu, gdyż nie tylko przeraża go ich widok, ale też przypominają mu o jego nieodwracalnym błędzie. Dlatego mieszka głęboko w górach i wychodzi tylko w ciemne noce. I to właśnie jego strach przed ludźmi sprawił, że przestraszył się, aby go uniknąć. Tak długo, jak będą rozpalać swoje ogniska, Gualicho nie odważy się wejść do namiotu. Krzyczy z politowaniem, by przestraszyć straszaków. Sąd złych i złośliwych duchów tworzy ogrodzenie, które chroni go za pomocą terroru.

Jeśli ludzie byli "dobrzy", jeśli udało im się oswoić strach i roztropność, to będzie to kierować ich działaniami; gdy stracą swoją glinianą skorupę, ich dusze będą miały dostęp do nieba. Tam staną się one gwiazdami o większej lub mniejszej jasności zgodnie z ich ziemskim zachowaniem. Tchórze i "złoczyńcy" wrócą do błota, z którego zostali uformowani.

Mężczyźni szukali sposobów na złagodzenie gniewu Gualicho. Zawarli oni pakty, które Bóg akceptuje i szanuje: oferują pierwsze owoce posiłków i niektóre produkty z polowania. Ponieważ inteligencja tego boga jest bardzo ograniczona, stuletnie czarownice, które znają się na magii, tajnych rytuałach i zakazanych słowach, potrafią go oszukać różnymi sztuczkami. Ukrywają swoje twarze farbami lub maskami, aby udawać Chachao, który obiecuje wrócić do nieba, jeśli zatrzyma plagę, prowadzi ich do zwycięstwa w wojnie, lub zachęca do polowania.

39. -Znajdź mi lustro, żebym mógł patrzeć w przyszłość.

-Jeśli masz go cały czas w zasięgu wzroku.

-Nie, mamo, ja widzę tylko prezent.

-Nigdy nie widzisz teraźniejszości, tylko ją przeżywasz.

-Potem daj mi żywe lustro.

40. Lustro jako mit z dzieciństwa, opowieść o pochodzeniu, które odtwarza sen, wytwarzając erekcje, gdy formy kobiet były wtedy niepotrzebne.

Komoda w sypialni moich rodziców była szafką z szufladami i trzema arkuszami lustra. Po prostu zmiana orientacji paneli pozwoliła mi spojrzeć na moje ciało z różnych perspektyw; szukałem odpowiedzi na zagadkę istnienia w jakimś jeszcze nieodkrytym kącie mojego własnego wizerunku.

Tymczasem zapach kobiet był obcy, a kobiecość była swoistym żartem natury. Jednak w kontaktach z kobietami wkradła się pewna czułość - pewne podejrzenie.

Japońskie powiedzenie: lustro to dusza kobiety.

41. Szalona dama z lustrem

Każdego popołudnia szalona pani z lustrem odbywała tę samą wycieczkę. Wyglądając przez okno mojej sypialni na piętrze, czekałem na nią, by była pierwszą, która ją przyjmie. Chociaż była punktualna, czułem pewien niepokój w oczekiwaniu, mogłem się uspokoić dopiero, gdy w wieku dwudziestu czterech lat na tle ulicy, oddalonej o kilka przecznic, pojawił się kolorowy obraz. Była to jego niebieska parasolka z czerwonymi kwiatami, którą nosił, by chronić się przed słońcem. Potem schodziłam na dół i siadałam na progu, żeby nie wiedziała, że na nią czekam.

Wyglądał na około trzydzieści pięć lat, a ja nie skończyłem jeszcze dziesięciu, ale nie było między nami takiej odległości, jaką narzuca różnica wieku. Wręcz przeciwnie, wydawało mi się, że nie chciała zdać sobie sprawy, że jestem dzieckiem.

Z jej delikatnych rysów i wyrafinowanych manier, niekiedy zmatowionych przez jakiś wybuch, łatwo było mi wywnioskować, że w młodości byłaby piękna; coś tajemniczego w jej osobowości doprowadziło mnie do przeczucia starożytnego splendoru. Ale pozostały z niego resztki, które wytworzyły mylącą mieszankę doznań, odrzucenia i przyciągnięcia jednocześnie.

Kolor jej ubrań był ostry; miała fiołki, pomarańcze i czerwienie, posypane plamami z jedzenia i lampami, których odcieni nie sposób było określić.

Nosił nylonowe pończochy z przeszyciami, w tym czasie wyraźnym znakiem prostytutki, biegał i szlochał w kapryśny sposób; noszone i brudne skórzane buty na szpilkach, choć bardzo zniszczone widać było w projekcie, że są dobrej jakości. W tej samej dłoni co parasol nosił nędzny, skórzany portfel, a w drugiej kartonowy kapelusz. Fascynowały mnie tego typu okrągłe pudełka, zwłaszcza te w domu moich dziadków, gdzie przechowywano kapelusze pełne historii, które z pewnością należały do mitycznych przodków.

Z jego miedzianej peruki kędzierzawej wydobywał się silny, kwaśny zapach brudu, który zmuszał mnie do zachowania pewnego dystansu, gdy do mnie mówił. Aby nie zawracać jej głowy moim oddaleniem, używałem banalnych wymówek, nie zawsze bardzo przekonywujących, dopóki nie wymyśliłem argumentu, który okazał się nieomylny: że jestem uczulony na importowane perfumy. Odpowiedziała, że nigdy nie używała narodowych zapachów i od tego momentu nie podchodziła już do mnie tak jak wcześniej. Poza tym, była przesadzona i groteskowa w makijażu. Usta karminowej czerwieni, rumieńca i kurzu rozprzestrzeniają się nierównomiernie, pozostawiając kilka zestawionych warstw, które przypominają mi mapy orograficzne w podręczniku szkolnym.

Jego dłonie były pokryte rękawiczkami z nici, które były być może białe, gdy były nowe, ale teraz były marmurkowate w odcieniach szarości i brązu; długie fałszywe paznokcie pomalowane na ten sam kolor co jego usta wystawały z przekłutych końcówek.

Ale największe wrażenie wywarły na niej jej oczy. Za niezliczonymi pociągnięciami pędzla w cieniu podszewki widać było żebra na ich powiekach. Były to szwy igłowe, które nawet gęste rzęsy, również fałszywe, nie mogły się ukryć, nawet jeśli mrugały ciągle, by przekonać nas, że te ruchy są cechą kokieterii.

Ponieważ pończochy miały tendencję do opadania, ponieważ traciły sprężystość, koncentrowały się na poziomie pięty, gdzie tworzyły grudę zmarszczek, która uniemożliwiała mu chodzenie. Od czasu do czasu zatrzymywał się, by je postawić, opierając się na frontowej ścianie jakiegoś domu, gdzie próbował je zabezpieczyć gumkami. Ale ponieważ gumka wygasła, nie zareagował, więc pończochy rozciągnął i naciągnął je na spódnicę.

Martwiłem się o to, że zobaczę, jak wykonuje ten kilkuminutowy rytuał, którego kulminacją była scena makijażu. Następnie opierał pudełko na kapeluszu na chodniku, ściskał parasol pod lewą pachą, balansując, by wydobyć z portfela rumieniec, zwarty i małe lusterko. Z powodu tego cudownego kryształu nazwaliśmy ją "szaloną panią z małym lusterkiem".

Złota rączka z przegrzebaną krawędzią zdawała się świecić, być może z powodu dysonansu z resztą bagażu. Kiedy o piątej słońce uderzyło w nieparzysty chodnik, po którym chodziła, promienie uderzające o lustro oświetlały ściany domów naprzeciwko jak latarnia. Rytmiczne machanie jej chodnikiem powodowało grę świateł, która nie omieszkała mnie zachwycić, zwłaszcza gdy promień olśnił mnie po odbiciu od szyb okiennych. Kobieta owinięta w czarny, aksamitny futerał, zaparowała go swoim oddechem, aby wypolerować jedną z rękawic, które nosiła jako flanelę. Po dokładnym przyjrzeniu się sobie, przystąpił do poprawiania makijażu i odkładania go z powrotem. Ponieważ jednak po kilku krokach ponownie zawiódł, powtórzył operację, nie zmieniając żadnych szczegółów.

Przyspieszony sposób chodzenia, machania się, pokazywał pogłębiającą się kobiecość i mimo, że wszystkie noszone przez nią elementy odpowiadały jej płci, to jednak wzbudzały w nas tylko kwaśną ciekawość. Było wtedy coś, co odrzuciliśmy o kobietach, ale ona była karykaturą kobiecości.

Chodząc, huśtała biodrami z takim impetem, że w trakcie huśtania zrzuciła cały swój bagaż, wykonywała sugestywne gesty ustami i co jakiś czas prostowała swoje fałszywe włosy, nie przestając mrugać. Naszyjnik z fantazyjnych pereł opadł do jej talii po trzech obrotach wokół szyi, która huśtała się jak wahadło tak gwałtownie, że groziło jej rozrzucenie. W tym momencie zwolnił i przestał się trząść.

Nie pamiętam, jak i kiedy zaczęliśmy rozmawiać. Zgaduję, że to musiało być stopniowe, że zaczęła od pozdrowienia, a po nim jakiś komentarz. W miarę upływu czasu nasze rozmowy stawały się coraz dłuższe i bardziej istotne. Wyrażał się delikatnie i, co dziwne, traktował mnie jak ciebie, ale w każdym zdaniu zamieniał złe słowo. Wtedy zakrywałby usta rękawiczką, mrugał jeszcze szybciej i prosił o przebaczenie. Na początku powstrzymywałem śmiech, ale stopniowo uczyłem się dostosowywać do jego stylu, aż przestał być zabawny.

Powiedziała mi więc, że była aktorką filmową i teatralną, parą słynnych galantów, nazwisk nieznanych mi, ale które zapamiętałem, na wielkich scenach Londynu, Paryża, Nowego Jorku i Budapesztu. Dopiero wtedy zdałem sobie sprawę, że nikt nie może tak chodzić po ulicy i że jego ubranie może pochodzić tylko z szafy jakiegoś teatru. Nie chciałem się dowiedzieć, czy aktorzy, o których wspomniała, naprawdę istnieją, czy też są jej wynalazkiem; nie interesowało mnie to. Wiedziałem, że mogę skonsultować się z rodzicami, ale gdyby wiedzieli o moim związku z tą szaloną kobietą, zabroniliby mi. Nie byłem skłonny pozbawić się tych bajecznych historii pełnych obsceniczności, których nigdy nie słyszałem od starszych ludzi, nie mówiąc już o kobiecie.

Nietrudno było namówić moich przyjaciół z bloku, żeby podzielili się ze mną rozmową z tą szaloną panią. Przyjęła je chętnie, z wyjątkiem Nestora, starszego o pięć lat, który miał inne zamiary niż inni. Było nas czternaście dzieci, które czekały na nią od pół godziny z założonymi oczami na zegar. Każdy z nich stacjonował w strategicznym miejscu, aby jako pierwszy mógł ją ostrzec; a ona, zawsze punktualna, nie zawiodła nas. Gdy tylko pojawiła się w oddali, tłoczno nam było na progu drzwi domu, zdumieni odbiciami od magicznego lustra podążaliśmy za nią z daleka z otwartymi oczami. A kiedy była zaledwie kilka metrów dalej, wstawałyśmy, by ją otoczyć, chcąc usłyszeć jej opowieści o filmie i teatrze. Ale Néstor nękał ją nieprzyzwoitymi pytaniami, zwrotami o podwójnym znaczeniu, które sprawiały, że czuła się niekomfortowo, lub stwierdzeniami, które były niestosowne dla dorosłych. Pewnego dnia złożył jej propozycję, którą uznaliśmy za obrzydliwą, choć nie do końca zrozumieliśmy, a którą odrzuciła. Innym razem próbował ją pocałować. Po drugim incydencie, na kilka dni przestała mówić. Co więcej, Néstor ledwo co widział, jak próbował przyspieszyć tempo, nawet z opuszczonymi pończochami.

Zauważyłem, że gdy człowiek wykazuje oznaki bezbronności, zwłaszcza gdy jego zdolności umysłowe są naruszone, inni, ci rzekomo zdrowi, zachowują się tak, jakby mieli prawo naruszać jego prywatność; takie było zachowanie Nestora. Czułem się winny, że przedstawiłem mu ją, ale nie wiedziałem, jak go od niej odciągnąć. Z drugiej strony, szalona kobieta reprezentowała dla nas wszystko, co przeciwstawiało się erotyce, antykobieta, istota recyklingowa oparta na łatach. Nie mogliśmy zrozumieć, że ktoś taki jak ona, ubrany w rekwizyty, a przede wszystkim wydychający mdłości zapachy głęboko zaimpregnowane brakiem higieny, że nawet tania woda kolońska, której obficie używała, nie zdążyła się przykryć, nie mogła wzbudzić żadnego podniecenia, choć tak naprawdę tak się działo. Jeszcze kilka lat dzieliło mnie od zrozumienia skomplikowanych obwodów pożądania.

Nieprzyjemny incydent zawiesił na jakiś czas nasze spotkania z tą kobietą. Przy jednej z wielu okazji, kiedy ta szalona kobieta próbowała pozbyć się naszej nieznośnej towarzyszki, zaplątała się w pończochy, potknęła się i uderzyła w twarz o kafelkową podłogę. Zaalarmowani, widząc, że z jej nosa płynie krew, pobiegliśmy jej natychmiast pomóc. Pomogliśmy jej wstać, a potem położyliśmy ją na kocu, który przyniósł jeden z chłopców. Wszyscy się zmobilizowaliśmy, oprócz Nestora, który uciekł ze strachu. Jeden przyniósł alkohol, drugi bawełnę, która natleniła wodę i gazę, więc przy pomocy niewielu środków poznanych w serialu telewizyjnym, udało nam się zatrzymać krwawienie. Jedyne, co ją martwiło, to jej wygląd; szukała portfela, z którego wzięła małe lusterko i gdy obserwowała swoją zranioną twarz, zaczęła płakać. Próbowaliśmy ją uspokoić, że wyglądała tak pięknie jak zawsze. Dopiero wtedy dołączyła do nas, by poprawić makijaż. W tym czasie jednogłośnie zgodziliśmy się na wydalenie winowajcy z grupy. Ale Néstor odwrócił się od nas z poważniejszych powodów, kiedy kilka dni później otrzymał wiadomość, że u jego matki zdiagnozowano raka: miała tylko dwa miesiące życia.

Nigdy nie udało nam się dowiedzieć, skąd pochodziła ta wariatka, być może dlatego, że nikt z nas nie chciał wiedzieć. Jego nazwiska też nie znamy. Ale to, co nas intrygowało, to wiedza, gdzie codziennie o tej samej porze chodzi. Pytaliśmy ją kilka razy, ale zamiast odpowiadać, zmieniła temat, postawę, która nigdy nie przestawała mnie zadziwiać. Coś podobnego wydarzyło się, kiedy odkryliśmy niektóre z jego częstych sprzeczności, miał on taką zdolność do unikania, że nawet sprawił, że zwątpiliśmy w jego szaleństwo.

Pewnego dnia zdecydowaliśmy, że pójdziemy za nią. Przechodzimy bezpieczną odległość jednego bloku. Trzeba było mieć z nią cierpliwość, czekać na jej drogę za drogą, aż załatwi swoje pończochy, po próżnej próbie ukrycia okuć, i retuszować jej makijaż, patrząc uważnie na siebie w małym lusterku. Co jakiś czas odwracała się, bo wiedziała, że idziemy za nią, więc chowaliśmy się za grubymi bananowcami, tymi drzewami z żółtawymi owocami w kształcie kuli, które po rozpadnięciu się uwalniały kłaczki wpływające na drogi oddechowe.

W końcu, po ponad godzinie, dotarł na plac przed moją szkołą podstawową i podszedł do jednej z drewnianych ławek z plecami pod brzozą. Zlokalizowano nas w sektorze hamaków, w niewielkiej odległości od miejsca, w którym można było zobaczyć, nie będąc widzianym. Kilka osób czekało tam na nią. Była to szalona grupa czterech mężczyzn i dwóch kobiet, wszyscy ubrani w elegancki sposób, ale zgodnie z estetyką innego czasu. Nasze szaleństwo było centrum tego spotkania. Szóstka powitała ją ciepło i wytrwale; mężczyźni, których wiek wahał się od pięćdziesięciu do siedemdziesięciu lat, chwalili ją za jej ubiór, perfumy, ale bardziej za jej urodę. Obie kobiety były po sześćdziesiątce, poza tym, że były bardzo brzydkie, nie dbały o swój wygląd i wykazywały oznaki współzawodnictwa z naszą szaloną kobietą; ściskały jej sukienkę i można było przeczytać na jej ustach, że obrażają ją w milczeniu. Chociaż ławki były dostępne, czterech panów wstało, by zrezygnować z miejsc. Utknęła między tymi dwoma młodszymi.

Zauważyliśmy, że żadna z siedmiu osób nie spojrzała sobie w oczy, skupiła wzrok na poziomie ramion. Innym znanym aspektem, bardziej widocznym u mężczyzn, była wymuszona wymowa; każde słowo artykułowali w sylabach, mówili o tobie i używali idiomatycznych zwrotów typowych dla starych podręczników dobrych manier i przymiotników bombastycznych, które zdawały się być zaczerpnięte z wypowiedzi szkolnych aktów. "Jak się masz, droga pani?" "Jak elegancko dziś do nas przyszłaś!" "Szczęśliwe są te oczy, które potrafią kontemplować tak nieskażone piękno!" W międzyczasie, inne kobiety spojrzały kącikiem oka i obgryzły paznokcie.

Szalona pani w lustrze lubiła flirtować z każdym mężczyzną. W międzyczasie szczotkował usta *różem* lub wyprostował włosy szczotką. Co jakiś czas panie wygłaszały krytyczne komentarze, a potem bełkotały obelgi, albo wykorzystywały jej odwracanie się, by wystawać język.

Wszyscy mówili w tym samym czasie i każdy z nich na inny temat. Nie słuchaliby się nawzajem. Spotkanie odbyło się w atmosferze pozornej serdeczności i szacunku, z tonem cichej rozmowy. Kiedy szalona kobieta w lustrze opowiadała o swoich głównych rolach obok wielkich postaci sceny międzynarodowej, kobiety nadawały jej wrogie spojrzenie lub wykonywały obsceniczne gesty. Opowiadał, jak filmował w Londynie, Budapeszcie i Nowym Jorku, że szarmanccy i bogaci wielbiciele dali mu biżuterię, okładki ze skóry norek lub obrazy znanych malarzy, a on mrugnął, by spróbować jeszcze raz ukryć swoje zranione powieki. Swoje wyroki zostawił jednak w napięciu, aby wyjąć elementy piękna z portfela i zbadać ich wygląd w małym lusterku.

Jeden z mężczyzn nalał mu filiżankę kawy z kolby termosu, a drugi podszedł do niego, aby zaoferować mu słodkie ciasteczko, które wyglądało na domowej roboty. Nie zaakceptowała żadnej z nich, twierdząc, że musi nadawać się do głównej roli w operze, która będzie miała premierę następnej zimy na festiwalu w Bayreuth.

Minęły ponad dwie godziny, a szaleńcy nadal się zbierali. Zaczynało się robić ciemno, musieliśmy wracać, żeby nie martwić rodziców. Przeszliśmy na emeryturę po cichu, bo mieli przed sobą długą drogę.

Przez dwa lata szalona kobieta z lustrem codziennie o tej samej porze przechodziła obok drzwi naszego domu, aż pewnego popołudnia zniknęła i nigdy więcej jej nie zobaczyliśmy. Nie słyszeliśmy o niej więcej. Pozostaje mi obraz małego lusterka, które odbijało te zaszyte powieki, które obraz ten, daleki od przebrania, uczynił bardziej widocznym. Małe lusterko z pochylonym brzegiem i prawie złotą rączką.

Zgodnie z zaleceniami orientalnych tekstów amatorskich, a także zgodnie ze zwyczajem poety Horacego, według relacji Suetoniusza "miał pokoje ozdobione lustrami, w których zamykał się z prostytutkami, aby wszędzie widzieć obraz swoich przyjemności", w czasach Ludwika XIV pojawiła się moda na umieszczanie w sypialniach lazurowych kryształów.

Ponieważ Anglicy stworzyli przezroczyste szkło, z którego wykonano księżyce do Sali Lustrzanej w Pałacu Wersalskim, Król Słońca skorzystał z okazji i poprosił swojego projektanta, Jules'a Hardouin-Mansarta, aby zarezerwował dla niego najlepsze do zainstalowania w swoich prywatnych pokojach. Ponieważ jednak nie znaleźli wtedy sposobu na zamocowanie ciężkich szyb na ścianach lub na meblach, miały one tendencję do upadku, nie bez powodowania poważnych obrażeń ("rany miłosne", tak je nazywali), a w niektórych przypadkach do śmierci. Duża liczba wypadków została odnotowana na piśmie, a większość z nich została uciszona, gdy ofiary były kurtyzanami lub narażały honor szanowanych osobistości. Najbardziej znany był przypadek niejakiego Monsieur Calonne'a, ożywionego upadkiem lustra w Wersalu.

Lustra zostały następnie zastąpione obrazami scen miłosnych, czekając na jakąś pomysłowość, by znaleźć sposób na ich zabezpieczenie.

Jednak w XIX-wiecznych wioskach Europy w salonach fryzjerskich znajdowały się tylko domowe lustra, które były zarezerwowane dla wyłącznego użytku mężczyzn. Jastrzębie potrzebowały wielu lat, zanim lustro stało się obiektem codziennym.

43. Chemia glazury i szklistej emalii rozwinęła się około trzeciego tysiąclecia przed naszą erą. Krzemiany alkaliczne łatwo topią się i mogą być otrzymywane przez ogrzewanie krzemionki (piasek), potażu (produkt spalania drewna) lub węglanu sodu (który występuje jako minerał w zachodniej części Egiptu). Świadectwa tych technik zostały znalezione w Sumerze, Egipcie i Indiach.

W Starym Testamencie lustro pojawia się z następującymi nazwami: marâh, reî, gilyônîm. Były to okrągłe, owalne i kwadratowe kawałki polerowanego brązu, z rączką ozdobioną jak plecy. Mówi się, że hebrajskie kobiety niosły z Egiptu brązowe lustra.

W innych regionach stosowano lustra wykonane ze szkła wulkanicznego lub tektytów, jak np. obsydian (Halafianie importowali go z Armenii), który w Ameryce przedkolumbijskiej znaleziono rozproszony pomiędzy różnymi kulturami, z wyjątkiem Chavína, gdzie były one wykonane z antracytu. W grobowcach pod piramidą El Trajin znaleziono czarne pirytowe lustra, które nazywali "piorunami".

44. -Czego możesz oczekiwać od życia?

-Nic!

-Co masz na myśli? Nie poczekasz?

-Nie, w życiu nie ma na co czekać.

-Ale jest nadzieja!

-Nie ma nadziei ani oczekiwań. Musisz nauczyć się rozpaczać.

45. Krystalicznie czyste kamienie. Pokrycie miki.

Natura w kostiumie lustra.

Obsidian, miedź, woda, rzeka lub fontanna

Istotna jest możliwość refleksji, obraz.

Nie da się stworzyć w obrazie i podobieństwie bez istnienia lustra.

Stworzenie lustra to wielkie wydarzenie, pierwszy obiekt kultury.

Samo lustro jest odpowiedzią na pochodzenie.

Narcyz wyprzedza Edypa o dziewięć pokoleń.

46. Talmud mówi, że przed stworzeniem świata, Bóg trzymał lustro dla istot, aby mogły one widzieć duchowe cierpienia egzystencji, a także rozkosze, które z tego wynikają. Niektórzy zakładali cierpienia, ale inni je odrzucali. Te ostatnie Bóg wymazał z Księgi Żywych.

47. Etienne Louis Malus, fizyk francuski, matematyk i inżynier wojskowy, jako kapitan w armii Napoleona, kierował budową różnych fortyfikacji; w 1810 r. wstąpił do Akademii Nauk. Jego największym osiągnięciem było odkrycie w 1808 roku polaryzacji światła (ukuł określenie "światło spolaryzowane"). Opracował również teorię birefringencji i prawo, które nosi jego imię. Mówi się, że powodem jego największego odkrycia była próba, poprzez grę luster, które odbijały się od siebie nawzajem, aby móc zobaczyć kobietę, którą kochał, nie wiedząc o tym. Aby podążać za nią, gdy odchodziła, musiała dostosować swój delikatny aparat. Sylwetka zanikała lub pojawiała się ponownie, ebb i płynęła, gdy jeden z reflektorów się obracał.

48. Rtęć była znana w starożytnym świecie, ale ze względu na jej toksyczność, była używana w tajemnicy. Aby uniknąć pomyłki między identycznymi nazwami metalu, planety i boga, Grecy nazwali metalową hortensję, słowo wprowadzone przez Arystotelesa, które oznacza "płynne srebro". Teofrast wspomina o nim w *traktacie o kamieniach,* z 321 r. p.n.e., z nazwą *chytos argyros,* gdzie wyjaśnia, że wyjmuje go z cynoberku i ugniata go octem w miedzianej moździerzy z buzdyganem z tego samego metalu. Strabo uważał ją za minerał, wspomina o *argyros,* ale wydaje się, że odnosił się do *argentum vivum* lub *chytós árgyros*. Wśród Rzymian, w pierwszym wieku, Dioscorides latynosował to słowo jako *hidrargyrum,* co oznacza żywe srebro (z *hydoru,* wody i *argyros,* srebra); z tej denominacji pochodzi symbol Hg. Pliniusz Starszy rozróżnia dwa rodzaje rtęci, która jest wydobywana z cynobru z innego, który nazywa "rodzimym". Nazywano je vermilionem lub proszkiem cynoberkowym do farb, który został wyekstrahowany z Sisaponu i wysłany do Rzymu w celu udoskonalenia. Wcześniej importowali go również z Sinope (w Paflagonii, Azja Mniejsza).

Pierwsze pisemne świadectwo w Indiach pojawia się, być może, w *Arthasastrze,* który pochodzi z trzeciego wieku przed naszą erą. Tam rtęć reprezentuje Shivę. Rtęć nazywana jest *harabîja,* dosłownie "nasienie Sivy".

Inkowie znali cynober o nazwie *llampi,* który wydobywali z kopalni w Huancavelica. Używali go jako farby, ale potem zabronili jego używania i zamknęli miejsca, w których został znaleziony, ponieważ nie mogąc uniknąć wdychania oparów rtęci, padli ofiarą wstrząsów rtęciowych (opary rtęci powodują odurzenie: hydrargiryzm); posunęli się nawet do skrajności eliminując nazwę metalu ze swojego słownictwa.

Utożsamiany z odpowiadającą mu planetą w klasycznej starożytności, był czczony jako bóg. Toteż w Egipcie Hermes wśród Greków (rzymski Merkury, syn Jowisza i Plejady Majów); pod pseudonimem Trismegistus (trzykrotny wielki) został poświęcony patronowi okultystów. Uważa się go za twórcę pierwszych znaków pisma, pierwszego języka regularnego, wynalazcę liry, kultury w ogóle i władcę przypadkowych spotkań. Przypisuje mu się również autorstwo kilku traktatów ezoterycznych i kilku grymasów.

W klasyfikacji Zósimo de Panópolis rtęć pojawiła się w kategorii "wódki", wraz z siarką, arsenem i solą amoniakalną. Średniowieczne pisma o alchemii pokazują, że używali jej do tworzenia kamienia filozoficznego, królewskiej wody i eliksiru życia wiecznego. Użycie *rtęci było* mistycznym pomysłem. Nie był uważany za metal, nawet nie substancję, ale hipotetyczny składnik ciała, które były lotne przez działanie ciepła, zasada żeńska (stąd również nazwa "matka metali"). Minerały, metale, a zwłaszcza kamienie były "sexowane".

To Georg Bauer, latynoski Georgius Agricola (1494-1555), w swoim dziele *De re metallica, jako* pierwszy argumentował, że rtęć jest metalem.

W 1759 r. Braune zdołał ją zestalić w Sankt Petersburgu za pomocą kwasu azotowego i śniegu, wykazując tym samym, że rtęć posiadała jedyne właściwości prawdziwego metalu stałego, których do tego czasu brakowało.

Dziś wiemy, że maksymalny stosunek połączenia rtęci z siarką wynosi 25 do 4; powyżej tego nadwyżka siarki sublimuje bez łączenia. Do niedawna, wiele leków zawierało go w swoim składzie. Dziś tylko medycyna homeopatyczna stosuje go w dawkach poniżej liczby Avogadro.

Słowo quicksilver jest pochodzenia arabskiego *(zāwq* lub *zā'ūq,* co z kolei pochodzi od pelvi zīwag) i oznacza "biegać"; stąd przymiotnik azogado: żywy, niespokojny.

Rtęć jest jednym z trzydziestu pięciu pierwiastków chemicznych obecnych w składzie ludzkiego ciała.

49. Niektóre psy bawią się swoim cieniem. Większość z nich bierze ogony, jakby to był obcy.

Peter Schleimihl sprzedał swój cień.

Paranoidalne delirium parapolityka. Myślałem, że ścigają go, żeby go zabić. Był chory na raka, ale postanowił nie konsultować się z lekarzem, ponieważ powiedział, że wszyscy spiskowali, aby go zabić. Postanowił się zabić, wolał być autorem swojej własnej śmierci.

Szwadrony śmierci", które mordują homoseksualistów i dzieci ulicy. Albo udręka uwięzienia, ukarana za reprobatę w piekle.

Zarządca budynku zmarł, gdy miotła została włożona do otworu w odbycie. E. S., który był schizofrenikiem, miał taki sam nawyk; L. P., również psychotyczny, robił to samo.

Miotła" to nazwa tańca, który polega na przechodzeniu pod nią za pomocą ruchów akrobatycznych.

Kij mydlany", tradycyjna gra, również istnieje jako tortura.

Niektórym udaje się dostać pod niego, innym nie udaje się go przeskoczyć.

Więc, jakiś rodzaj analnego głodu próbuje symulować głód pochwy.

Psychoza, odcięty kij wbił się w duszę.

Dusza jest preferowanym przez diabła towarem, a jej wartością wymienną jest możliwość stałej erekcji.

Odrywając się od duszy, miejsca moralnego, sprawia się, że "podwójny" cierpi. Ale "sobowtór" jest w rogu, tylko trochę dalej, pod koniec życia. Diabeł nigdy nie wyjawi swojego sekretu przy zawieraniu umowy: jego sekret polega na tym, że podobnie jak węże, ma podwójnego penisa.

50. Zestaw koncentrycznych kół otaczających duszę lustra. Istnieje cel, który przyciąga wzrok, broniony przez przezroczyste ściany, które są niemożliwe do penetracji. W kierunku tego wirtualnego punktu rzucane są klocki, które próbują obalić prawa optyki, ale udaje im się tylko oszukać samych siebie, zafascynowanych efektem trzeciego wymiaru. W śmiertelnym spotkaniu oka z krzywizną, opróżniają się ze światła. Są uwięzieni w pajęczyny, które będą karmić lustro.

51. Przeniesienie w psychozie jest odczuwalne w całym organizmie. Mieszanka bólu i reminiscencji, wybucha w najmniej wyleczonych miejscach naszej historii, w tych szwach, przez które odradza się podróż budowy ja.

Jest to świadectwo drogi, którą uznajemy za przebytą i pogrzebaną, ale która nadal bije. To więcej niż bicie serca, to uderzenie, stuknięcie, że punkty do środka. Pod fasadą przeszłość pozostaje prawie nienaruszona. Ale tak długo, jak będziemy mogli się rozpoznać, Horla nie przejdzie.

52. Chciał podporządkować wszechświat poświęceniu Wschodu: przebić jego serce marzeniem.

53. Tożsamość ma swój koszt, koszt represji. A represje są zawsze skazane na niepowodzenie i prowadzą do innych artyfikatów obronnych.

Tam jest podwójna obsada, podwójny napis.

Stawiamy czoła złu, funkcjonując jako lustro.

Nawet jeśli obecność jest zawsze chroniona przez maskę.

Rozebrać się, ściągnąć zasłonę, która kryje w sobie obecność (ale i nieobecność), insynuując ją.

Chusta Izydy" okultystów i teozofów.

Kultura zasłaniała kobietę, a teraz zasłaniała ją. Stary opłakuje śmierć ostatniej z tajemnic. Oni ogłosili dobrą nowinę: objawiło się oblicze Boga. Nie ma znaczenia czy to welon, broda czy maska. To nie ma teraz znaczenia. Ten perwersyjny ma starą twarz, mimo że nie udało mu się wyjść z dzieciństwa.

Tajemnica. The Mysteries.

Trinidad albo Trimurti. Cała tajemnica jest trójkątna. Kształt trójkąta jest jednym z preferowanych plastikowych przedstawień zasłoniętej boskiej twarzy. Bo oblicze Boga jest rombem przykrytym zasłoną, która dzieli go pośrodku, a tym samym ujawnia się litera delta.

Charcot przejął z graffiti publicznych łaźni to wulgarne przedstawienie, które jest ucieleśnione w histerycznych. To, co zwykle jest zasłonięte, zakryte lub zasłonięte odnosi się do wyimaginowanej nieobecności, blizny rany. Dwuwymiarowy rysunek pozwala na zastąpienie głębokości przez krawędzie. Poprzez zasłonięcie dziury, celem jest uniemożliwienie diabłu wejścia, a tym samym utraty duszy. Z drugiej strony, perwersyjny wie i nie wie o istnieniu dziury, obserwuje ją i ujawnia w sposób równoległy.

Oglądanie, aluzje, fetyszyzowanie. W ten sposób, hymn byłby zasłoną duszy. Dziura się porusza, przestrzeń zostaje zamieniona na zasłonę, która ją zasłania, tworzy fałszywe połączenie, które zostaje uchwycone w metaforze. Znalazł w ten sposób poetykę przestrzeni, która ma na celu zasłonięcie, zamknięcie się, aby wydawało się, że lustro leży. Kryza, która generuje przyjemność i życie, zostałaby zastąpiona przez dziurę śmierci, a niepokojący cień przez projekcję, która ma tendencję do przenikania *pars per toto*.

Sen to także zasłona, chociaż "obudzenie się" oznacza brak możliwości spania.

Konstrukcja Lustra próbuje skrystalizować się w *aleję,* usunąć *lethos,* zasłonę, z ukrycia, odsłonić, ujawnić, rozebrać rzeczywistość.

54. Wchodzić przez pomyłkę do cudzego grobu i nie móc się wydostać; być zamkniętym na zawsze pod nieznanym nam imieniem.

Będąc urodzonym z imieniem, uczymy się rozpoznawać, wierzyć, że jest ono nasze i odpowiadać na nie, gdy jesteśmy powołani. I zasnąć po tym, jak o tym zapomnimy.

55. P.B. patrzy na siebie w lustrze i to, co postrzega, nie pasuje do jej wewnętrznego wizerunku. Widzi pewnego rodzaju "sobowtóra" o sportowym ciele, posiadającego gigantycznego penisa, który przypomina bezimienny charakter jego marzeń. Przypomina mi to historię Marcela Schwoba "The Faceless".

56. Rtęć znajduje się w kopalniach, ale rzadko w stanie wolnym. Wydobywa się go z cynoberu (połączenie rtęci i siarki), jedynego minerału, który zawiera go w formie użytkowej. Cinnabar to także nazwa pigmentu i koloru, wermikulionu. Być może dlatego, że uważano, iż kolor czerwony jest istotną zasadą, że unikając starzenia się przedłuża życie, jest obecny w pochówkach od czasów prehistorycznych.

Rtęć jest białym, błyszczącym metalem jak srebro, cieczą w normalnych temperaturach, cięższą od ołowiu; zestala się w temperaturze 38,8 stopnia Celsjusza poniżej zera i gotuje się w temperaturze 357.

W Chinach otrzymywali rtęć poprzez wystawienie na działanie ognia cynoberkowego, który wydobywali około 1200 p.n.e. z kopalni w Kwichan. Fenicjanie używali go do wydobywania i oczyszczania złota około 700 roku p.n.e. W Indiach był ceniony za swoje właściwości afrodyzjakalne.

Odkrycie cynobru w naczyniu pogrzebowym z 1600 - 1500 lat p.n.e. wskazuje, że był on używany przez starożytnych Egipcjan.

Hipokrates nie uznał go za toksyczny dla skóry i zastosował w postaci maści.

Siarczek rtęci ma czerwony kolor, metaliczny połysk i jest miękki do rzeźbienia. Był używany przez greckie i rzymskie panie jako makijaż. Był on eksportowany z terytorium dzisiejszej Hiszpanii, do dziś wiodącego na świecie producenta cynoberku, ze złóż w Almadén, które były znane i eksploatowane od bardzo dawnych czasów.

Dla taoizmu, w ludzkim mózgu istniałyby "pola cynobrowe", które byłyby wykorzystywane do produkcji destylacji plemników, operacji związanej z kultem Sziwy. Ponadto czuli szczególny szacunek dla tego metalu, ponieważ uważali, że jego skuteczność w przedłużaniu życia jest większa niż złota. W Chinach pierwszy cesarz, przekonany, że dzięki spożyciu cynoberku będzie żył wiecznie, zmarł z powodu odurzenia.

Królewskie kobiety z imperium Inków używały niebieskiego pudru jako różu do policzków zwanego ichma tylko na święta, który nakładały od czubka oka do świątyń, zanim został zakazany.

57. Dziecko patrzy na siebie w lustrze, aby zbudować swój wizerunek. Piaget mówi, że poprzez adaptację, interakcję między asymilacją a zakwaterowaniem, dziecko buduje rzeczywistość.

Ale czym jest "rzeczywistość"? Czy ktoś może twierdzić, że ją definiuje?

Zdarza się, że każde dziecko buduje swoje własne lustro, które będzie nosiło przez całe życie, aby nigdy nie zostać od niego oddzielone. To lustro odbija wielość obrazów - w tle są to interpretacje tego samego obrazu - które zazwyczaj nie są zgodne z logiką formalną lub tym, co nazywamy "rzeczywistością", nie rządzą się nawet linearnością czasu. Nosi subiektywną wersję swojego rodzinnego mitu. Będziesz w stanie zbudować tylko jedno lustro.

Zanim powiem, powiem On. Pierwsza osoba jest ukonstytuowana od trzeciej osoby.

Spaltung, ten ejakulatywny model ja, kalejdoskopowej projekcji plamistej, może również wystąpić.

Ja. Ja. Trzecia osoba może nie być tą samą osobą, co pierwsza, tzn. wyrzuca się lustro. Często tożsamość anatomiczna może nie być zgodna z tożsamością psychologiczną. Albo, ale nadal, być zamkniętym w neutralnym, w autyzmie, jak ja.

Ponieważ istnieje wiele możliwości, istnieje wiele prawdopodobieństw, jednak prawo prawdopodobieństwa jest często obalane. Syn jako projekt (lub pragnienie) rodziców jest jeden: "To ty", co tłumaczyłoby się jako "On jest tobą".

58. Chodziłem po ulicach tego miasta. Zapaliłam papierosa, rzuciłam zapałkę na chodnik i zgasiłam ją czubkiem mojego buta. Nie udało mi się przejść kilku kroków, gdy usłyszałem powtarzający się dźwięk gwizdka. To był policjant, który stanął przede mną i zaczął mnie klepać. Powiedział, że nie może znaleźć mojego numeru identyfikacyjnego. Czułem się wściekły, bezradny. Czekając na przeprosiny, poprosiłem go, żeby wytłumaczył swoje dziwne zachowanie. Nie podejmując działań na moją prośbę, poinformował mnie, że przystąpi do sporządzenia protokołu o naruszeniu "za przekroczenie wyraźnie obowiązujących przepisów" w odniesieniu do porzucenia przedmiotów na drodze publicznej i że, ponieważ nie mam przy sobie identyfikatora, zabierze mnie na komisariat policji w celu sprawdzenia tożsamości.

Na próżno starałem się zdać mu relację z mojego statusu turysty, który zwalniał mnie z obowiązku znajomości lokalnych przepisów. Twierdził, że popełniłem poważną winę - powiedział, jakby chciał mnie zastraszyć - i ostrzegał, żebym nie próbował go przekupić, bo kara będzie większa. Złapał mnie za rękę i zmusił do pójścia za nim. Przekonany o mojej całkowitej niewinności, posłuszny byłem bez oporu, pewien, że jego przełożeni natychmiast mnie uwolnią.

Przeszliśmy kilka przecznic i kiedy dotarliśmy do tego zakrętu, to się zatrzymało. Wciągnął swój rewolwer i oddał kilka strzałów w powietrze. Ze wszystkich wokół nas zaczęli wyłaniać się ludzie, tworząc wokół nas krąg, z którym mój porywacz szczegółowo relacjonował incydent z meczu. Wyrazem ich twarzy potwierdziłem powagę mojego niewinnego czynu. Dwóch silnych mężczyzn rzuciło mnie na ziemię i, biorąc mnie za ręce i nogi, przykuli do tego słupa oświetleniowego. Czas minął, a ja wciąż tu jestem.

Ta historia, którą opowiadam turystom, kiedy przychodzą mnie nakarmić.

59. Szkło i rtęć, para, która połączy się w uroczyste zaślubiny: amalgamat lub małżeństwo.

Z tego mitycznego wesela narodziłoby się proto-lustro, pierwotne lustro, o którym później mówiliby mędrcy. Mówi się jednak, że nie cała szyba została połączona; byłyby to szczątki, mieszkańcy powierzchni niebieskiego metalu; są to homunculi, czyli nienarodzone dzieci, produkt onanizmu - jak wyjaśniają Kabaliści - istoty poczęte bez pośrednictwa kobiet, które za życia ojca będą krzyczeć mu do ucha, domagając się jego spadku.

Dla P.B., samotna przyjemność jest równoznaczna z zabiciem dziecka, co czyni go recydywistą.

60. Zamykam każdy kawałek szaleństwa w probówkach.

Piszę tagi imienne, które właśnie wymyśliłem i umieszczam na zewnątrz, a następnie sortuję je według logicznego kryterium.

Ćwicząc sztukę nazywania każdej z moich dolegliwości, pojmuję nowe formy szaleństwa.

Każdy aspekt zachowany w opakowaniu jest cechą mojej historii, która jest usuwana. Dopiero teraz osiągnęłam normalność, która zmusza mnie do ubierania się jak człowiek.

Dzisiaj wiem, kim jestem, teraz, gdy straciłem wszystkie referencje.

61. Kurs mistrzowski neurologa: Osoba jest definiowana jako mózg połączony z ciałem wahadłowym.

Gimnastyka pieszczot i gestów kształtuje drogę włókien, które zamieszkują egzystencję.

Tysiąc szczegółów, które są bezużyteczne, gestykulują imionami. Ale bestii udaje się zainstalować się w obwodzie z trucizną, którą karmi się chemią. Maszyna żuje ze snem zapomniane uczucia, przestrzeń przeznaczoną dla człowieka do poznania samego siebie.

W nieuchwytnym miejscu siedzi dusza, gdzie rdzewiejące elektrody, gwałciciele myśli i woli, osiedlają się. Pamięć jest uruchamiana, aby zadowolić mędrca, który w ten sposób udaje się potwierdzić jego prawdę w pozornie niewinnym języku.

A wszystko spoczywa w bezpiecznym miejscu, gdzie iluzja przekształca człowieka w książkę.

Świat jest znowu ocalony: szaleńcami są jeszcze inni.

62. W dzieciństwie przeszkadzała mi maksyma generała San Martina: "Będziesz tym, kim powinieneś być, albo będziesz niczym". To zdanie niesie ze sobą trzy zaprzeczenia: nie, nie i nic. Możliwość bycia niczym, jeśli nie podporządkujemy się rozkazowi i pożądaniu. To byłoby: "Będziesz tym, kim chcielibyśmy, żebyś był, albo nie będziesz."

Problem istnienia zgodnie z przypisaniem. Kondensacja.

Zdanie zaprzecza trzy razy, jak Piotr zaprzeczył Jezusowi. Tak jakby wymagało to trzech odmów, lub zaprzeczenia innej.

Jak przetłumaczyć myśl Ojca Ojca Ojczyzny na niemiecki lub angielski, języki, które nie pozwalają na podwójną negację w tym samym zdaniu. Jak więc wytłumaczyć, że mechanizm *Verneinung* możemy rozpoznać tylko wtedy, gdy podmiot dyskursywny zaprzecza dwa razy, nie pośrednicząc w żadnym punkcie. Ale kiedy odmawia trzy razy, modlitwa staje się straszna.

Potrójne zaprzeczenie, straszny numer trzy, potrójny rozwód, tryptyk tomistyczny.

Trzy tomy *Kompletnych dzieł* profesora Zygmunta Freuda.

63. Niezbędnym motywem do budowy lustra byłaby wówczas potrójna negacja. Cały ruch jest potrójny. Patrzymy w lustro, rozpoznajemy siebie, "ja" jest ukonstytuowane. Są to trzy mityczne momenty, które wiążą się z zaprzeczeniem podmiotu, rozszczepieniem, podziałem.

Alkohol, pewne narkotyki, spokojny sen, to czynności rozwijające się, zakładające brak znajomości tematu jako takiego, jako aktora, lub jako autora. Ten aktor to inny. Ten drugi jest impulsywny.

Możemy rozpoznać siebie tylko poprzez działanie moralizatorskie, a rezultat nazywany jest duszą (dobry i biały anioł, a złe i czarne, miniaturowe kopie siebie).

Kiedy nagrywamy nasz głos, a potem go słuchamy, następuje opóźnienie. Nie rozpoznajemy się i mówimy: "To nie ja, to nie mój głos". Ten drugi spróbuje się oświadczyć: "To ty".

Interpretacja psychoanalityczna byłaby ukierunkowana na "To ty", czego pacjent stara się uniknąć.

Konstrukcja lustra jako potrójnej afirmacji (i potrójnej negacji). Filip z Macedonii miał niewolnika odpowiedzialnego za budzenie go każdego ranka, zmuszonego do powiedzenia mu, pod groźbą śmierci, następującego zdania: "Jesteś człowiekiem, a nie bogiem".

64. Fizycy Mechaniki Kwantowej twierdzą, że to, co nazywamy "rzeczywistością", byłoby niczym innym jak teorią o tym, co rzeczywiste. Dla nich "rzeczywistość" nie istnieje bez obecności "ja", ponieważ bez eksperymentatora-widza nie jest możliwy żaden eksperyment: percepcja określa to, co jest obserwowalne. Zgodnie z pozycją oka uzyskano by dane o tym, co zostało zaobserwowane. Dany przejawiałby się wtedy jako wersja, możliwe tłumaczenie przesiewane według języka.

Świat może istnieć tylko wtedy, gdy istnieje chęć jego odtworzenia.

65. To szaleństwo zainteresowało mnie najbardziej. Znał kilku szalonych ludzi w okolicy, z którymi rozmawiał. W domu często odnosili się do ciotki mojej matki, która była w azylu. Byłem zaintrygowany, dlaczego ludzie szaleją. Moi rodzice mawiali o Matyldie, szalonej kobiecie na rogu, że jej umysł zaczął się zmieniać, gdy weszła do kościoła spirytystów. Od tamtej pory chodziłem w nocy na cmentarz, by porozmawiać ze zmarłymi. Nie mogę zapomnieć tego ranka, kiedy otoczyli blok, włożyli ją w kaftan bezpieczeństwa i zabrali do psychiatry w karetce. Ze względu na krzyki, po pierwsze, i nieznośny hałas syreny, wyszliśmy na ulicę. Sąsiedzi w okolicy byli zebrani i obserwowani, jak próbowała uciekać, a gdy desperacko biegała, dwie pielęgniarki z siatką, podobną do tej używanej przez hodowlę, poszły za nią. Uderzył mnie fakt, że wzięli nieszkodliwą kobietę, która nie stanowiła problemu. Moja mama wyjaśniła mi, że było to dzieło złych ludzi, ponieważ wtedy oferowali nagrody tym, którzy potępili szaleńców. "A co oni im robią w azylu?" Zapytałem. "Wyleczysz ich?" Ojciec wytłumaczył mi, że nie ma lekarstwa na chorobę zwaną szaleństwem, że w hospicjum dali im zimny prysznic, aż do zakończenia "załamania nerwowego". "A jaki jest sens szaleństwa?" nalegał. "To choroba nerwów, głowy, której przyczyny nie są znane", wyjaśnił mój ojciec. Powiedział mi kiedyś, że gdy był dzieckiem, usłyszał, jak jego ojciec mówił, że w Wiedniu mieszkał bardzo stary lekarz, który zaproponował Hitlerowi, że wyleczy go z jego szaleństwa, ale dyktator nie zaakceptował. Więc jest wyleczony! Krzyczałem w nadziei. Od tego momentu zacząłem pogłębiać ten temat i kontynuować dialog z tymi ludźmi, których inni unikali.

66. Szlifowanie metalowego przedmiotu, odbijanie go w lustrze.

Od dawna staram się zbudować lustro.

Ponieważ lustro jest dziełem alchemii, wymagana jest ciągła cierpliwość, aż do momentu, w którym zdarzenie nastąpi z tak długiego oczekiwania.

67. Wiemy o istnieniu strasznych luster, luster, które szaleją.

Lustro, bliski krewny snu.

W snach i w lustrach, mity się dzieją. Sen i lustro to rysy samego siebie. Jesteśmy istotami snu, a sny są fragmentami luster z przeszłości.

68. Mówi się, że niektórzy mędrcy trzymają mały fragment lustra, który jest obiektem tajemnego kultu, i że obrazy pierwszych odbitych przedmiotów zostałyby w nim utrwalone.

Istnieją pewne zastrzeżenia co do akceptacji tego przekonania, ponieważ zachowany lub utrwalony obraz byłby fotografią.

Jest bardzo możliwe, że w tym maleńkim fragmencie szkła widoczny był jedynie ślad jego stłuczenia, głębokie pęknięcie, które uniemożliwiałoby nam zorientowanie się, czy naprawdę jest to lustro.

Ci mędrcy twierdzą, że są jedynymi zdolnymi do widzenia; ergo, wiedząc.

Tymczasem racjonaliści, zwykli niewierzący, śmieją się z tych, których nazywają widzącymi, być może w sposób uwłaczający. Uważają, że gdyby taka relikwia istniała, byłby to niepodważalny dowód na korzyść teorii wielkiego wybuchu.

Inna pozycja, nieco sceptyczna - lub raczej nihilistyczna - głosi swoją myśl w trzech propozycjach:

A) Nigdy nie było lustra.

B) Nigdy nie było żadnego materiału, z którym można by to zrobić, ponieważ

C) Nigdy nie było świata.

Jego głosiciele proponują wymyślenie świata.

69. Kapsułki istnienia, pęcherzyki życia.

Kawałki szkła, małe wielobarwne japońskie kulki szklane, służą jako lustro. Możemy spojrzeć sobie nawzajem w oczy. Nie tylko w oczach drugiego człowieka, ale widzieć siebie odbitego w źrenicach bliźniego i w oczach kochanka.

Lustro jest jak pusta kartka papieru. Zahipnotyzowani, z szeroko otwartymi oczami, bez mrugnięcia okiem, przystępujemy do jego wypełnienia, do wypełnienia pustego arkusza.

Zamieniam liść na lustro, metaforę, ergo istnieję.

I widzę siebie odbitego w liściu, który służy jako lustro; przekształciłem go w coś z niczego.

70. Srebrzysta kartka, pusta, która kiedy się uśmiecham, zachęca mnie do wypełnienia jej słowami, męskim pismem jako skłonnością do zasłaniania, do nasycenia każdej szczeliny wnikliwymi frazami, poza wszelką dwuznacznością płci.

Gdy lustro jest złamane, pojawiają się nierówne kawałki ostrych, tnących krawędzi. Jako dziecko lubiłam je zbierać, zbierałam każdy fragment odblaskowego blasku, który mogłam znaleźć i wkładałam do małej skrzyni, pamiątki rodzinnej, wraz z innymi znaleziskami. Dzielili tę samą przestrzeń, kolekcję nieużywanych okularów, których lupy deformowały rzeczy, zacierając moją wizję. Mieszkali tam razem ze starymi ramami, z których część należała do mojego ojca, a część do mojego dziadka. W tym czasie wierzyłem, że krótkowzroczność to zboczenie duszy, które czyniło ludzi niewiarygodnymi.

71. Od momentu odkrycia, że oko widzi dzięki dwuwypukłej soczewce zwanej krystaliczną, zaczęto produkować okulary, które miały zastąpić wady natury. Potem pojawiły się różne konstrukcje ram.

Znaczący wpływ na myśl filozoficzną (od Fryderyka II do Rogera Bacona i Izaaka Newtona) miał opracowany w sposób systematyczny wkład optyki, zwłaszcza *optyki* Grosseteste'a (napisanej w latach 1224-1231).

Ale praca polerki do szkła była zarezerwowana dla pewnych uprzywilejowanych osobistości. Tak jest w przypadku Benedykta Spinozy, który dzięki swojemu doświadczeniu w handlu polerkami do szkła optycznego wymyślił system zarówno filozoficzny, jak i etyczny.

72. Konstrukcja lustra ma być podróżą przeze mnie. Ścieżka przez stałą powierzchnię mojego ciała.

Aby zbudować lustro, musimy patrzeć na siebie i w ten sposób tworzyć siebie w jedności, musimy zaakceptować tysiące stron, miliony aspektów perspektywy spekulacyjnej.

Musimy na chwilę wstrzymać się z pojęciami początku i końca, bo inaczej stracilibyśmy to, co istotne, czyli rozpoznawanie siebie i bycie tym samym na każdym etapie podróży.

Lustro to ja. To jest gra. Odwieczna gra na kołowrotku. Powtarzamy, ale robimy to, ponieważ być może życie ofiarowuje się jako labirynt, który pozwala nam tylko uświadomić sobie, że przekroczyliśmy to samo miejsce, rozpoznać je, gdy jesteśmy zagubieni. Nigdy nie dochodzimy do pewności, ponieważ wszystkie drogi są częścią El Camino i na każdym zakręcie jest niespodzianka, zdumienie, droga w perspektywie.

Są myszy, które znajdują drogę z labiryntów zbudowanych przez psychologów behawioralnych. Oni tylko wyobrażają sobie świat początku i końca, przyczyny i skutku, obecności / zaniechania, gdzie wynikiem, celem, jest sukces. Nie zdają sobie sprawy, że są częścią eksperymentu, nie przyznają się do bycia prawie myszami.

Chociaż akceptuję fakt bycia zagubionym, bo przyznaję się do labiryntu, to nawet tego pragnę.

73. Dokładność obrazu jest bardzo ważna. Cóż, są lustra, które się powiększają i są też te, które się kurczą. Ale, na szczęście, są właściwe; wszystko zależy od szkła i od obserwatora.

Wielką wartością ludzką jest rozpoznanie obiektu niezależnie od jego wielkości i bliskości lub odległości (oraz jakości materiału). Von Helmholtz próbował wytłumaczyć zjawisko stałości przez doświadczenia z przeszłości, które nazwał nieświadomym wnioskowaniem, ideą, którą Freud później ponownie podejmie ze swoją histeryką.

74. Gdy tylko entomolodzy odkryli, że złożone oczy niektórych owadów są złożonymi układami lustrzanymi, zaczęto wytwarzać księżyce z kilku warstw metalu w imitacji tych biologicznych.

Jednak przekonanie o istnieniu naturalnych luster było głęboko zakorzenione. W czasie hiszpańskiego podboju Ameryki istniała legenda o zwierzęciu zwanym wąglikiem lub karbunkiem -anagpitanie ("czerwony diabeł, diabeł, który świeci jak ogień"), dla Guarani, co oznacza "złego ducha, który świeci jak ogień" - który miał lustro na czole. Okulary musiały być zdjęte ze zwierzęcia za życia, bo jeśli było ranne lub martwe, straciło zdolność odbijania światła.

Pedro Lozano nie wierzy w jego istnienie, ale mówi, że w Tucumán "mówią, że ci, którzy są olśnieni intensywnym światłem, które pochodzi od tego zwierzęcia, tracą panowanie nad sobą". Z drugiej strony, Martín del Barco Centenera zapewnia, że widział go już kilkakrotnie: "jest to zwierzę o małym ciele, bardzo luźnym w kończynach i bardzo lekkim, które ma na czole lustro, którego blask, niczym płonący bursztyn, jest rejestrowany w nocy, ale które wyłącza się lub staje się mętne, gdy zwierzę czuje się zranione". Mówi, że kapitan Ruiz Díaz Melgarejo, założyciel Villarica del Espíritu Santo, upolował go nie wyrządzając mu krzywdy. Oderwał kamień od zwierzęcia, aby wysłać go do Felipe II, ale łódź została rozbita i zagubiona w rzece Paraná.

Fernández de Oviedo nie wierzył w naturę tego zwierciadła, dla niego był to w rzeczywistości klejnot zwany *smokami,* który według *Etymologii* św. Izydora z Sewilli, smoki posiadają w mózgu. Klejnoty te są klasyfikowane jako "kolory ognia, które są przezroczyste".

Zwierzę zwane wąglikiem lub karbunkiem jest cytowane w legendach talmudycznych i arabskich.

75. Najpotężniejszym bogiem w panteonie Azteków był Tezcatlipoca. Bóstwo ciemności, zła, Zachodu, nocy, zimna, znane także jako "Dymiące lustro na czole i Krzywej Stopie". Na prawej stopie miał zawiązaną nogę jelenia, symbolizującą lekkość i zwinność jego pracy i mocy. To być dlaczego on przywoływać jako the Słaby Bóg: urodzony w the słońce "dokąd jego prawy stopa wciąż tonąć". W swojej wersji wszechwiedzącego bóstwa nazywał się Ometeuhtli. Bóg opatrzności, niewidzialny i wszechobecny, wynalazca ognia, czystości i grzechu, był nieznośny Duch objawienia prawdy, stąd niebezpieczeństwo Jego obecności. Przewodniczył libacji i bankietom, porwał piękną Xochiquetzal, boginię kwiatów i żonę starego Tlaloca, boga deszczu. Pierwotnie bóg Tula (Toltecs), Tezcatlipoca "wyszedł ze swojego ciemnego ogrodzenia, lustra świata". Zachęcał do wojny, inicjował niezgodę i wrogość między ludźmi, ale Czarny Bóg Północy również ułatwił lub hamował bogactwo i był obrońcą niewolników. Przewodniczył pierwszej erze ("4 aguar"), kiedy to mężczyźni i olbrzymy byli pożerani przez jaguarów, gdy zamieniał się w słońce. Najbardziej dramatyczna roczna ofiara na azteckim horyzoncie została złożona na jego cześć piątego dnia miesiąca Tocatl.

Pewnego dnia zdjął swoje mroczne odblaskowe godło, aby dać je swojemu bratu bliźniakowi, androgynicznemu Quetzalcoatlowi, twórcy ludzkości, aby mógł kontemplować siebie w mrokach powierzchni. Kiedy więc zobaczył nędzny stan swoich stworzeń i przyszłość jaka na nie czekała, utożsamił się z nimi i płakał. Gdy tylko zwrócił bratu lustro, był jeszcze bardziej przerażony, bo po tej wizji stracił boską kondycję.

Ale świat nie był już taki sam, po jego odejściu siły natury osłabły i wkrótce ostatni księżyc spadłby fatalnie na ziemię, niszcząc wszystko.

Aztekowie oczekiwali na powrót Quetzalcoatla z założonymi oczami na wschodzie. Czas, sens istnienia, ciągłość życia zależy teraz od jego powrotu. Nowy władca panteonu Azteków, straszny Huitzilopochtli, bóg wojny i wróżbiarstwa, któremu ofiarowano *zompantli* (ołtarz czaszek), ten o złowieszczych lustrzanych oczach, zażądał od ofiar ludzkich zaspokojenia pragnienia krwi, a tym samym odroczenia końca. A gdy słabnący księżyc oświetlał noc, Aztekowie płakali z przerażeniem, wiedzieli, że czarne lustro się pali.

Daniel Andina: "Ostatnie lustro zostało podpalone, a życie unosi się nad odwilżą snów".

76. Odkrycie ognia, jego stworzenie.

Ogień to dziecinna pasja. Ogień biegnie przez korpus drewna, które go posiada. Kolorowy mutant z brodatej brodaty żarła konsumuje popołudniowy aromat.

Prymitywny człowiek zaczął się zastanawiać, obserwując pofałdowane formy płomieni. Od tamtego czasu ogień zwraca szczególną uwagę na człowieka. Od czasów starożytnych przypisuje się jej nadrzędne pochodzenie. Prometeusz został ukarany przez bogów za ujawnienie ludziom tajemnicy ognia. Adam został wygnany z raju za spróbowanie owoców drzewa mądrości, wiedzy; gdyby jadł z drzewa życia, uczyniłby nas bogami. Człowiek został również ukarany za próbę zbudowania wieży, która dotarłaby do boskiego miejsca zamieszkania.

Te trzy mityczne wydarzenia odmawiają człowiekowi homologacji z boskością.

Wiedzieć, wiedzieć, to odkrywać nagość naszych rodziców. Linnaeus został odrzucony przez swoich współczesnych za zniszczenie niewinności, kiedy ujawnił światu, że kwiaty są niczym innym jak organami płciowymi roślin; podobne zakłopotanie przeżywał Freud, kiedy wyjaśniał swoją teorię: że ludzka seksualność istnieje od urodzenia.

Świat tajemnic jest święty. Ogień oczyszcza i jednocześnie odbija i daje cień. Ale przeciwstawia się nocy, boskie stworzenie.

Kształt ognia jest tylko wyśmiewany przez sen.

77. Według jednej z wersji mitu, Persephone spojrzała na siebie w lustrze przed narodzinami Zagreo. A ten wyglądał kiedyś jak byk, gdy patrzył w lustro zbudowane przez Hefajstosa. Zagreo odrodził się jako Dionizos.

Zgodnie z Proclo, to Dionizos spojrzał na siebie w lustrze wykutym przez boga i, wprowadzony w błąd przez ten obraz, stworzył wszystko.

W późno greckich kosmogoniach: oferują one dziecku Dionizosa różne zabawki, w tym lustro, i wykorzystują jego zdumienie i fascynację jego odbiciem, aby go zabić i rozczłonkować.

78. Kiedy światło i cień tańczą swój odwieczny taniec, staram się odkryć kroki ich tajemniczej choreografii.

Niezliczona ilość obrazów, w których lustra pojawiają się jako część motywu. Autoportrety, na których twarz artysty łapie kawałek jego szaleństwa.

79. Sama konstrukcja lustra jest niedostępna. Budując ją, przestajemy rozpoznawać siebie jako jej budowniczych i poddajemy się fascynacji szklistą powierzchnią, która jest pułapką; tracimy poczucie bycia twórcami, podczas gdy zbliżamy się i oddalamy, a rzeczywistość podwaja się.

80. Błoto z mioteł ze starą miotłą, która zostanie zakopana o świcie.

81. Ogromna i niedokładna ilość odruchów dociera do tęczówki atakującej nasze zakończenia nerwowe. Uderzenie jest ogromne.

Stara melodia współgra z oszpeconymi formami w szoku światła. Małe pęknięcia przechodzą przez przepaść moich dni, a przywołania płyną jak spóźniony miód.

Nie da się zatrzymać przepływu przeszłości.

82. Rytm jest poza wszelkim możliwym do wyobrażenia poczuciem prędkości. Wiązka światła przenika przez porowatą powierzchnię oka, odbijając się od mojego mózgu, pojemnika z przeszłości. Odpowiedzi przychodzą natychmiast, automatycznie. Do zakamarków labiryntu wkrada się mglisty kolor. Bodźce wewnętrzne są mylone z zewnętrznymi w jednoczesnym i niewytłumaczalnym odczuciu. Nie jestem w stanie opisać go bez uciekania się do sztuczki: trzy lustra otaczające moją twarz, jedno od przodu, a drugie dwa od boku. Nieskończone oblicze siebie zbiegają się w jedną całość. Jak trwałe i powtarzające się błyskawice lub błyski o bardzo krótkim czasie trwania.

Wieczność połączona z teraźniejszością.

83. Lot

Podróżuję przez ziemie, których ludzie unikają. Pokonywałem nieskończone odległości, niemożliwe do zapamiętania. Moja historia jest całkowicie zagubiona i nie należy już do mnie, ponieważ postanowiłam porzucić wszystko, wykorzenić się i uciec. Poza tym, myślę, że zapomniałem, co skłoniło mnie do ucieczki, jeśli był jakiś powód. Może to były poszukiwania, ale skąd mam wiedzieć? Bo gdyby było jakieś znalezisko, to bym go nie rozpoznał.

Wyrzekłem się świata na wieczność. Dziś nie potrafię nawet odróżnić snu od pamięci; żyję ciągłym ciągiem działań bez odniesienia do wczorajszego. Nie mam też pewności, że kiedykolwiek wydawało mi się, że chwaliłem się i ceniłem cnotę.

Drogi, którymi jechałem, zostały otwarte moimi własnymi śladami; nic, absolutnie nic, nie zostało zaplanowane. Odpowiedzi wywołały pytania; ucieczka poprzedziła moje poszukiwania.

Nie znam koloru mojej skóry, kurzu i słońca, które zasłaniały moją twarz. Czasami próbuję odgadnąć swoje cechy i usunąć szorstki strup, który służy mi za maskę opuszkami palców. To ćwiczenie przywraca mi spokój, gdy tylko zdam sobie sprawę, że nigdy nie jestem taki sam. Zmarszczki gestykulują w bluźnierczym języku o upływie czasu, za każdym razem, gdy przebijam paznokciami osady, które je wypełniają. Przede wszystkim intryguje mnie okrągła blizna, gdy grzebię w środku brzucha, która zmusza mnie do przyjęcia za pewnik faktu, że się urodziłem. Następnie pojawiają się we mnie wachlarzowe obrazy, które zazwyczaj nasilają się, gdy tylko zamykam oczy. W półmroku pojawia się seria mieszanych znaków i wrażeń: zapachy, smaki, pieszczoty i gruchanie. Coś w rodzaju fragmentu kobiety, ledwie szkicu, wydaje wyartykułowany dźwięk, który wydaje się być imieniem, którego nie potrafię rozpoznać, przed którym muszę się postarać, aby go odsunąć. W końcu ciemność udaje się wytworzyć przerwę, która zanika poprzez zamazanie. Te iluzje, chorobliwe produkty samotności, aktywują wewnętrzną walkę. Dostarczając mi intensywnych przyjemności, porywają mnie, powstrzymują i utrudniają ucieczkę. Na szczęście sen uwalnia mnie od nich, żebym, odnowiona siła, mogła dalej uciekać. Po powrocie do zdrowia, wznawiam marsz, mój obecny nieprzerwany.

Bycie obcokrajowcem to moje fatalne przeznaczenie, a teraz, gdy moje nogi nie odpowiadają już rytmowi moich potrzeb, że impet słabnie, obrazy mnie torturują, a czasami jestem zmuszony do błądzenia po stronie kierunku. Obawiam się, że stanę przed tym, co myślałem za moimi plecami. Ale gdyby tak było, w tym momencie zamknęłabym oczy, ściskała powieki, aż konglomerat obrazów odbiłby się i płakałabym. Może wtedy uniknę patrzenia mi w oczy, gdy nadejdzie śmierć.

84. Okultyzm. Szukanie czegoś, co uczyni nas panem Hyde'em

Tak jak alchemia aspiruje do przekształcenia samego alchemika, tak psychoanaliza ma na celu przekształcenie psychoanalityka.

Strach przed śmiercią. Potrzeba luster, które będą odzwierciedlać przyszłość. Aby zobaczyć w monitorze nasz zatrzymany obraz, a następnie przekształcić go z upływem czasu aż do końca.

Kiedy miałem około siedmiu lat, opowiedziano mi o rozdziale w Biblii, w którym Bóg ustanawia śmierć jako karę za dostęp człowieka do wiedzy. Wyraziłam mamie, że uważam to za przesadne. Zaproponowałem, aby ludzkość odmówiła reprodukcji i utrzymała strajk, tak aby został on uchylony.

Wizyta na cmentarzu, gdzie świat istnieje w kategoriach śmierci. Nathaniel powiedział: "Zamknęli ich, żeby nie mogli się wydostać, a nawet zamknęli na nich, żeby nie mogli oddychać. To mecz dla Levy-Straussa.

Zmarli to zawsze inni; istoty obce czasowi. Czas tam nie płynie, gdyby się zatrzymał, już by nas nie było. Lęk generuje żart, a to generuje śmiech. Pod osłoną humoru staramy się potwierdzić naszą ciągłość w czasie i tym samym odejść od wieczystego nihilizmu.

Nekrofilia jest lepsza od melancholii.

Duchowość polega na zabijaniu czasu, zabijaniu go. To oznacza zabijanie śmierci. Lustro przestaje zaparowywać, gdy kończy się życie.

85. W moim domu trzymam pudełka, w których gromadziłam wspomnienia. Mogę wybrać dowolne wydarzenie, którego doświadczyłem i wykorzystać je w tworzeniu swoich marzeń.

Co więcej, udało mi się je podzielić na istotne elementy. W mojej wymarzonej produkcji mogę do woli wstawić słowo, kolor lub przyjemne doznania, gdzie daję sobie swobodę tworzenia różnych kombinacji.

Wczoraj, na przykład, chciałam marzyć o kolorze mojej skóry i dałam się ponieść swoim impulsom; dodawałam cechy, aż stałam się pończochą nylonową. Muszę przyznać, że na początku odczuwałem ogromną przyjemność, ale potem sztuka zmieniła się w skandaliczne wydarzenie. Właściciel ubrania, które wtedy miałem zamiar założyć, przestraszyłem się. Obudziłem się w stanie szoku, wierząc, że straciłem kontrolę nad stworzonym przez siebie urządzeniem, bojąc się ujawnienia moich sekretnych skłonności.

Dziś chciałem być niebieski, symbol, który nie kwestionowałby mojej męskości, a niebo, morze i poezja mnie otaczały. Po uzyskaniu czystego błękitu, dodałem asortyment cech wirusowych, aż do momentu, gdy zostałem wcielony w kata. Wtedy przypomniałem sobie Atanazjusza, którego zabiłem nie wyrządzając mu krzywdy, prawie nie zamierzając tego robić.

To wszystko sprowadza się do kombinacji, powiedziałem sobie: to była próba nie utraty kontroli nad moją przeszłością. A ja przystąpiłem do dzieła sztuki.

Kiedy zdecydowałam się na zmianę koloru - odkąd urodziłam się w niebieskim przez moich rodziców - awaria mechanizmu przekształciła kolory palety snu w ich wzajemne uzupełnianie się, jak to ma miejsce w przypadku niektórych chorób oczu. Kiedy nad żółtym niebem pojawiło się fioletowe słońce, pojawiły się obrazy moich wakacji jako dziecka, w tym czasie zacząłem eksperymentować z przedmiotem i jego odbiciem, obrazem i cieniem. Myślałem, że jeśli morze i słońce zamienią się kolorami, dlaczego nie ich substancjami, aby świat był lepszy, sprawiedliwszy i bardziej tolerancyjny, to moje wcześniejsze czyny będą widoczne, jeśli nie dobre, to przynajmniej tolerowane. Nie mogłem dłużej znieść powtórki z wczoraj, jej stałego i identycznego przedstawienia.

Podjąłem ostatnią próbę obalenia okrutnych praw przeznaczenia, desperacką próbę opanowania koloru. Nie wierzyłem w fioletowy, który nazwałem niebieskim, co innego mogłem zrobić?

Teraz słońce było niebieskie, a niebo żółte. A Atanazjasz? Był niebieski, wielka niebieska moneta, której odbicia zaćmiły nieuchwytną nieskończoność.

Zabrałem go do domu, gdzie umieściłem go na ścisłej diecie, żeby się nie zmienił. Teraz stało się dla mnie jasne, jak subtelną różnicę robią filozofowie między *byciem* a *byciem*. Atanazjasz *jest* niebieski i powinien taki pozostać. Tak, niebieski, jak grejpfrut, jak banan, jak samo słońce, choć o jaśniejszym odcieniu.

Ale Atanazjasz nie wiedział, jak marzyć i, co gorsza, uparty, by żyć w bezużytecznym świecie czuwania, nigdy nie zdołał nauczyć się sztuki tworzenia snów. Buntowniczy i uparty, w wyniku paraliżu marzeń, odmówił przyjęcia do wiadomości, że jego stan jest niebieski. Przestał podążać za moimi wskazówkami. Był typem ucznia, który nigdy nie chciał zadowolić swojego nauczyciela, być może z powodu dziedzicznej niepełnosprawności.

Karmiłam go słońcem, refleksami i suchą trawą. On umarł.

W ostatnich sekundach jego życia, kiedy mędrcy głoszą prawdy przećwiczone przez całe życie, wydawało mi się, że słyszałem w szmer jego złotych warg następujące słowa: "Czuję się jak słonecznik, który stracił swoje płatki. Było już za późno, by sprawdzić, czy moje lekcje przyniosły jakieś efekty pedagogiczne. Dzisiaj zwątpienie zajmuje miejsce pozostawione przez moją dawną pewność.

Czy ja go zabiłam? Nie wydaje mi się. "Zabić go!" Rozkazałem, a niebieskie promienie mojego karabinu zabiły go prawie nie raniąc go.

86. W ciemnym domu znajdują się schody, które prowadzą donikąd; kończą się nagle, w powietrzu, nad dachem. Ludzie idą w górę w chwili śmierci, by upaść bezwładnie na krańcu świata.

87. Lusterka są zakryte. Utrata rzeczywistości poprzez nieumiejętność rozpoznania znajomego miejsca. Widząc sypialnię zamienioną w budzik. Inwazja śmierci w mieszkaniu.

Lustro, które nie odbija, dusza zamknięta w szybie, więzień wieczności. Synonimy, eufemizmy; metafory.

88. Interpretacja hieroglifu

"Nie igraj z nożem" to imię Strażnika.
"Wielki głos" to imię Vigilante.
"Terror diabła" to imię szeryfa.
Księga Umarłych Starożytnego Egiptu

Przychodzę obserwować znak wygrawerowany na korze drzewa. Powiększam obraz za pomocą małej lupy, którą mam na breloczku. Jest to postać, która przypomina mi pismo starożytnego Egiptu. Jestem zdumiony umiejętnością rzeźbiarza, który w tym samym sensie, co relief kory, osiągnął doskonałą pracę symulacji.

Wycinam scyzorykiem figurę, aby móc porównać ją w domu z kodem interpretacyjnym Champollionu, ale kiedy wychodzę, w tej samej przestrzeni, którą właśnie odrdzewiałem, pojawia się ponownie wyrzeźbiony znak; z nieopisaną prędkością bardzo cienkie nogi pająka przebijają drewno od środka drzewa. Ciekawe, powtarzam cięcie, a pająk odtwarza je od razu.

Azorado, próbuję się uspokoić. Jestem jedynym świadkiem zjawiska, którego nie potrafię wyjaśnić. Myślę o mądrości natury; o instynkcie, o nieograniczonych poziomach adaptacji i mimesis żywej materii; o tym, jak dzięki naturalnej selekcji udało by się przekształcić gatunek tkacza w umiejętnego rzeźbiarza i hieratycznego pisarza. Ale jako człowiek, wyposażony w rozsądek i samoświadomość, nie będę zniechęcony przez istotę niższą.

Powtarzam cięcie, a pająk ponownie cięcie.

Muszę coraz bardziej naciskać na drewno, po przebiciu warstw kory. Jak tylko go wytnę, pająk jest zdeterminowany przywrócić ten znak. To gra bez uchwytów.

Nie mogę powiedzieć dokładnie, ile czasu minęło; ledwo mogę to oszacować z powodu utraty krawędzi mojego scyzoryka. Moje ramię jest ciasne. Jak długo i o co jeszcze walczymy?

Moje siły słabną. Atak mechaniczny pulsuje moje działania. Nie da się zostawić tej bezsensownej gry. Moja wola została obalona przez pragnienie, które już dawno wygasło.

Drzewo stało się tak cienkie w sektorze roboczym, że wydaje mi się zmiękczoną dziurą. Pień zaczyna oscylować, jakby imitując ruchy kobry, która fascynuje swoją ofiarę. Drzewo się chwieje. Staram się mieć oko na siebie, żeby zgadnąć, w którą stronę upadnie. Gałęzie się kłaniają i skrzypią, liście są potrząsane narkotyczną bryzą, która przyćmiewa moje zmysły.

Drewno skrzypi, drzazgi; liście trzęsą się, ocierają o siebie. Ruch przyspiesza...

Leżę na plecach. Próbuję otworzyć oczy, ale nie mogę. Moje ciało nie jest mi posłuszne, gdy próbuję wstać. Zimno tutaj jest tak intensywne, że sprawia, że czuję się nagi. Trzęsę się, zęby mi gadają. Podejmuję nowy wysiłek, by stanąć na nogi, który również się frustruje. Ponadto, w powietrzu unosi się zapach świeżego drewna i zamknięta przestrzeń, która koi mnie do snu.

W mojej głowie pojawiają się sceny, które rozpoznaję po mieszkaniu, gdzie widzę siebie wycinającego znak wyryty w korze drzewa przez pająka. Moje prawe ramię ma skurcze i mam uczucie zmęczenia.

Na próżno próbuję otworzyć oczy. Chyba przeszedłem przez oba końce skurczu mięśni. Wcześniej nie byłem w stanie powstrzymać swoich działań z powodu niezrównoważonych impulsów, teraz cierpię na paraliż. Zamierzam wyzdrowieć.

Prysznic z pyłem drzewnym zmusza mnie do zamknięcia oczu, gdy tylko po kilku próbach uda mi się je otworzyć. Ponieważ nie mam pomocy dłoni, by pocierać rzęsy, zaczynam mrugać uparcie, by usunąć to, co mnie zasłania.

Opadające trociny prześlizgują się przez dziury w mojej twarzy, a roślinne perfumy przywołują wspomnienia. Mogę w końcu utrzymać je otwarte, ale oczy mi się palą. Ciemność jest absolutna w tym przedsionku wieczności.

Nić migającego światła oświetla moją twarz. Odkrywam, przerażony, że leżę twarzą do góry w trumnie z drewna jaworowego, tego samego rodzaju drzewa, które wyciąłem.

Na moich oczach, migoczący piorun filtruje przez szczeliny w pokrywie. Tam wyłania się czubek ostrego instrumentu, być może noża, który rzeźbiąc ten egipski znak, oślepia mnie swoim odbiciem.

Powietrze rozprasza zapachy. Weź głęboki oddech. Panting. Moja prawa ręka staje się wolna i nie mogę jej kontrolować. Nadal trzymam się scyzoryka i zaczynam naśladować ruch końcówki noża. Wycinam znak, ale pojawia się kolejny i usuwam go ponownie. Wędrujące oko szpieguje przez szczeliny.

Pokryte tysiącami kawałków rzeźbionego drewna, mam nadzieję.

89. Przed zamkniętym oknem.

Spójrz i zobacz nasz obraz odbity w szybie. W tle, krajobraz ulicy. Próbuje nas obserwować. Następnie rozpoznać, że akcja jest daremna.

Można tylko mieć nadzieję, że nadejście żywej bryzy od wewnątrz zachmurzy gładką powierzchnię i ukryje to, co jest na zewnątrz, a także to, co odbija się od wewnątrz. Dym, który wydychamy jako dowód na to, że żyjemy, wytrąca lustro do ukrycia. Dopóki instynktowny palec nie wypisze słów, których nikt nigdy nie przeczyta. Rysunki skradzione z mgły przez nasz długopis.

90. Słowo "kruchy" jest zwykle pisane na odwrocie luster. Choć początkowo służyła jako ostrzeżenie, po oprawieniu zostanie ukryta, ale wiemy, że jest tam z tyłu. Może ona zostać ujawniona jako przeszłość tylko wtedy, gdy wypełni się jej przeznaczenie i kryształ zostanie złamany.

Podczas gdy pismo to pozostaje ukryte, być może dlatego, że plecy luster są nieciekawe, jego prewencyjny charakter jest zabroniony. Być może dlatego, że ostrzeżenia mają opóźniony skutek, człowiek musi się nie podporządkować, aby się bronić.

"Kruche", jako jeden z egzystencjalnych egzystentów współczesnego lustra, zbudowanego z delikatnego, niebieskiego szkła, które podkreśla stan skończoności, o jakim przypomina nam zawoalowane słowo w konkretnym momencie jego zniszczenia.

Można by nazwać to istotą, która jest wzorem zdrowego wyglądu, budowniczym Lustra.

91. Model deszczowy.

Nagła zmiana temperatury powoduje, że kryształy zaparowują. Pierwsze krople uderzyły w szybę. Stopniowo pada deszcz, aż robi się mętny. Z drugiej strony, krople rozmnażają się, aż staną się milionami atomów życia, nasionami snu.

92. Syllables. Słowo nektar. Błyszczy o mnie.

Szkice, wiersze, bazgroły razem; kompasy.

Jak włókno snu, zwinięte w zawiesinę. Zwinięty gwint śledzi ścieżkę labiryntu stożka. Wewnątrz niej, pustka jest nadprzyrodzona i jednocześnie nadaje jej formę.

Dziura duszy, dziura połączona psychicznie przez projekcje wyimaginowanych punktów, zamieszkuje najgłębszą część. W tej pokrytej eterem próżni powstają nieomylne prognozy. Tam ręka poety śledzi linie astrologiczne, znaki kabalistyczne, pieczęć Salomona, z punktami, które po połączeniu tworzą geometrię płaszczyzny niemożliwej.

Ta dziupla zostanie wypełniona poezją, w której każdy list stanie jako losowy formularz. Co więcej, każdy list będzie Listem i każda forma będzie miała tendencję do konsekrowania się jako Forma.

Iluzja (Maya) jest matką pożądania (Kama).

Gestacja lustra jest regeneracją rtęci.

93. Odkąd byłem dzieckiem, musiałem prześledzić drogę, którą wybrałem. Godziny mojego życia spędziłem na oszukiwaniu snu, aż odkryłem sekret, sekret znajdowania końcówek, by rozluźnić ciasne węzły.

Wtedy zacząłem studiować prawa rządzące przestrzenią kosmiczną, których formuły pozwoliły mi dowiedzieć się, jak tkane jest życie. Dzięki temu mogłem zapamiętać, że węzełek poślizgowy, który nas łączy w każdej chwili, jest zapomniany.

94. Zgodnie z prawami gramatyki

Pierwsze promienie słońca przyciągały krwawą sylwetkę skorpiona nad chmurami. Cudotwórstwo zostało zinterpretowane jako zły omen przez bezsennych obywateli, którzy czekali na wynik. Gdy tylko gwiazda odkryła swoją idealną okrągłość, Sokrates miał zostać stracony.

Po pożegnaniu się z rodziną, skazaniec położył się na łóżku. Patrząc na cień rzucony na ścianę, poruszał ustami, jakby odmawiał modlitwę.

Wierny Kryton, jedyny, który pozostał u boku mistrza, pogłaskał go po czole: "Przestańcie się teraz modlić i kontynuujcie swoje nauczanie do końca.

Sokrates wstał i podszedł do małego zakratowanego okienka: "Czy czas na modlitwę? Czy nie zostałem osądzony i uznany za winnego bezbożności? Czy pamiętasz, drogi Krytynie, kiedy kiedyś wyraziłem swoją wielką nowość, że "wiem tylko, że nic nie wiem"? Teraz, przed portykiem Hadesu, to, co uznałem za prawdę, jest mi przedstawiane jako fałszywe.

"Posłuchaj mnie, Criton, mam jeszcze chwilę w życiu i chcę ją poświęcić na stwierdzenie tego, nad czym medytowałem, kiedy myślałeś, że się modlę: chcę, abyś zapamiętał to, co powiem dalej i powierzył Platonowi zadanie spisania tego na piśmie. Kiedy tam leżałem, przypomniałem sobie ćwiczenie, którego nauczyłem się od kapłana Amona w Egipcie, jako remedium na strach, polegające na mechanicznym recytowaniu, aż zmysły zanikają. Z tego właśnie powodu w ciągu ostatnich trzydziestu dni poświęciłem się weryfikacji bajek Ezopa, nie osiągając oczekiwanego rezultatu. Potem zaczęłam koniugować te czasowniki, których często używam, kiedy przyszedł mi do głowy pomysł..." Odłożył wyrok na bok i usiadł na krzesle, które zostało pocięte. "Zauważyłeś, że nie można nakazać sobie dokonania czynu, bo w trybie imperatywu brakuje zaimka "I". Mój wniosek jest następujący: pierwsza osoba w liczbie pojedynczej została wyraźnie poczęta do posłuszeństwa".

Criton słuchał w ciszy. "Teraz", kontynuował Sokrates, "bez dobrowolnego narzucania, odmawia się dostępu do mądrości jednemu, ale nie do innych zaimków. Czy wiesz, czy on wie..."

Sługa jedenastu zakończył wystawę; nadszedł czas, by wypić cykutę. Pożegnał się ze swoim uczniem po tym, jak zlecił mu poświęcenie koguta dla Eskulapa w jego imieniu. Niewolnik położył na nim kubek. "Pij," zamówił. Sokrates był posłuszny w pierwszej osobie.

95. Lustro w świecie grecko-rzymskim było przedmiotem uważnych badań. Traktaty zostały podzielone na dwie części: optyczną i katoptryczną. Ogólnie rzecz biorąc, filozofowie zwracali na to szczególną uwagę w stopniu, w jakim wiele doktryn i teorii odnosi się do kwestii refleksji, wyglądu i postulatów dotyczących rzeczywistości. Solon, jeden z Siedmiu Mędrców, zdefiniował dyskurs jako lustro akcji. Gorgias de Leontini, mówił o cnotach ustrojowego lustra, przez które "ogień słońca przechodzi przez pory". Empedocles of Agrigento ukazał się o emanacjach, które powstają z przedmiotów refleksyjnych i o tym, jak wkraczają one do oczu jak obrazy.

Mówi się, że Pitagoras miał magiczne lustro, które pokazywało księżyc zanim się pojawił, tak jak to robiły córki Tesalii w ich czarnoksięstwie. Ponadto, że magiczne lustro, które posiadał Pitagoras, było przeciwieństwem lustra używanego przez nekromantów, ponieważ miało tę zaletę, że powodowało pojawienie się ludzi, którzy jeszcze nie istnieją lub którzy wykonują działanie, którego nie wykonają do później.

Maszyny kataptrialne mogłyby być również stosowane na wojnę, jak mówi się o Archimedesie, który wynalazł, wśród wielu innych cudów, sztuczkę z ustorycznymi lustrami, za pomocą których udało mu się sprawić, że promienie słoneczne zbiegają się w jednym punkcie, a następnie odwrócić je w taki sposób, że wpłynęłyby na żagle statków pirackich, które oblegały Syrakuzy. Przed zniszczeniem przez ogień inwazyjnej floty wywołało to tak olśniewający efekt wśród załogi, że w konfuzji zranili się nawzajem lub rzucili się do morza.

Sokrates zalecał swoim uczniom korzystanie z lustra, aby, jeśli byli piękni, stali się moralnie godni swego piękna, a jeśli byli brzydcy, ukrywali je, kultywując swego ducha.

Platon porównał obraz w lustrze z cieniem mitu jaskiniowego, oba pozory ze świata idei. A z odbitej na wypolerowanej metalowej tarczy rękawicy potwierdził swoje stanowisko, że "całość jest zadowolona ze wszystkiego i jego odbicia", zgodnie z mitem o pochodzeniu pragnienia przeczytanym w *The Banquet*. Wróg technik symulakrum, np. perspektywy (*skiagraf* lub *skegraphían*), odrzucił artystów za to, że zdołali oszukać oko, by pokazać nam to, co jest przedstawiane dla wzroku, ale nie takie, jakim jest. "Artysta jest jak lustro, które odbija wszystko i od wszystkiego, co proponuje, naśladuje, oszukuje obrazy"; i porównuje malarza (Platon był malarzem; Sokrates rzeźbiarzem) z człowiekiem, który będąc lustrem, sprawia, że widzimy odbite wszystko, co go otacza. Ten ostatni jest porównywany do obrazów wirtualnych i "magicznych bukietów", zwanych również "bukietem iluzji".

Apolodorus był pierwszym człowiekiem, według Platona, który potrafił magicznie zachować na płaszczyźnie, w przekonywujący sposób, ślad świata zewnętrznego, jaki wydaje się nam w przestrzeni. Jako pierwszy wykorzystał cienie i światła, aby nadać relief postaciom, technikę *skiagrafii,* która była rozwinięciem malarstwa, oraz *trompe-l'oiel.*

Arystoteles stwierdza, że "wątroba jest organem pełniącym rolę lustra, gotowym do odbioru wrażeń".

Diogenes Laertius mówi nam, że Sokrates umieścił lustro przed pijakami, aby mogli zobaczyć jego twarz odbitą, oszpeconą przez wino.

Pausanias w swoim *Opisie Grecji,* VIII, 7, opowiada, że "po prawej stronie, wychodząc ze świątyni, znajduje się lustro osadzone w ścianie. Jeśli spojrzymy w to lustro, zobaczymy siebie zupełnie zamazanego, albo wcale, ale obrazy bogów i tronu są wyraźnie widoczne.

Chętnie porównał dzieło pisane z lustrem odbijającym ludzkie życie.

Embulides de Mileto spojrzał w lustro dla harmonijnego opanowania wymowy".

Epikur powiedział, że obrazy, które emanują z nas, jak subtelne ubrania oderwane od naszych ciał w ciągłym biegu, kiedy zderzają się z gładką i twardą powierzchnią, kiedy na niej pozostają, a odbijając się do tyłu, odtwarzają się w przeciwnym kierunku.

Paradygmatyczny kobiecy obraz mitycznego schematu ukazuje Afrodytę, boginię miłości, trzymającą w jednej ręce lustro.

Grecy, Etruskowie i Rzymianie używali lekko wypukłych blach z brązu jako luster. Niektórzy greccy dramaturdzy przenieśli lustro na scenę. Eurypides mówi o Hecubie, tym ze złotymi lustrami. Sofokles przedstawia Wenus patrzącą na siebie nagą w lustrze.

Demostenes miał w swoim domu duże lustro, przed którym wykonywał swoje ćwiczenia deklamacji i powtarzał swoje szarangury.

Etruskie damy używały brązowych luster ozdobionych z tyłu napisami (jak to miało miejsce w Japonii wiele wieków później), które nie mogły być jeszcze w pełni rozszyfrowane, ale uważa się, że pochlebstwem byłoby podniesienie samooceny ich właściciela.

Według Plutarcha, Aleksander Wielki jako jedyny był w stanie oswoić Bucefala, gdy zauważył, że koń boi się własnego cienia. Wtedy on montować ono i zrobić ono galop przeciw the słońce, tak, że the cień opuszczać. Gdy tylko jego ojciec, Filip, usłyszał o przebiegłości jego dziewięcioletniego syna, postanowił, że Arystoteles powinien go indoktrynować, i zgodnie z legendą, powiedział do niego: "Synu, szukaj dla siebie królestwa równego twojej wielkości, bo Macedonia jest mała dla ciebie.

Katóptrica została wykorzystana w scenografii teatru wraz z malowanymi w perspektywie scenografiami. Jego zasady zastosowano również w budowie aparatów do badania gwiazd - czasownik "*speculari*" (*speculari)* pochodzi z aktu obserwowania ruchu gwiazd za pomocą lustra (*speculari*). Słowo "gwiazda" pochodzi z łacińskiego *sidus, które wywodzi się z* czasownika "rozważać", co oznacza, etymologicznie "obserwować gwiazdy jako całość za pomocą lustra" - latarnie morskie miały wielkie stalowe lustro, które pozwalało widzieć z wyprzedzeniem statki, które były jeszcze kilka dni od portu.

Pliniusz *Starszy zapisuje* użycie lustra w wróżbiarstwie i kompiluje szereg przekonań z tamtych czasów. Między innymi. Żeby lustro, w którym menstruująca kobieta patrzy na siebie, stało się nieprzejrzyste i aby upewnić się o jej kondycji, należy sprawić, by patrzyła na plecy, które znów staną się błyszczące. Arystoteles był zdania, że w tym transie kobieta, która kontempluje siebie w lustrze, widzi odbity krwawy obłok.

W domach w Pompejach w pierwszym wieku, w sypialniach umieszczono lustra "aby rozpalić ogień namiętności wśród zakochanych".

Kieszonkowe lustro było już znane w klasycznym Rzymie; mówi się, że Neron był tak entuzjastycznie nastawiony do niego, że miał jedno zrobione z szmaragdu. Mówi ona również, że cesarz ten posiadał czarny karabinek i szmaragdowe lustra, z których część używał do dekoracji pałacu.

W "*Cuestiones naturales*" Seneka nawiązuje do tego, że "Hostius Quadra używał luster, aby pomnażać i poszerzać seksualne atrakcje swoich kochanków". Dodaje też, że ten obywatel "chodził po publicznych łaźniach z zestawem wklęsłych i wypukłych luster, które pozwalały mu patrzeć na tyłek i zwiększały jego seksualny apetyt poprzez powiększanie różnych części jego własnego lub innych ciał".

Suetonius opowiada serię anegdot z czasów Cezarów. Ostatnim życzeniem Augusta na łożu śmierci było poprosić o lustro; ponieważ czuł się źle i wierzył, że jego stan jest odbiciem tego, co się dzieje w imperium, pomyślał, że jeśli jego wygląd się poprawi, rzeczy świata zostaną rozwiązane.

Ten Domicjan miał galerię, po której chodził, ozdobioną przezroczystymi kamieniami zwanymi *fengitami,* których wypolerowana powierzchnia odzwierciedlała wszystko, co działo się za nim.

Zgodnie z *Encyklopedią,* Nero okrył również swój Złoty Dom kamieniami *fengritowymi, które* "odbijały jasne światło, tak że przejrzystość, zamiast wejść, wydawała się być zamknięta wewnątrz".

Że Gajusz Kaligula miał straszną i odrażającą twarz, a on starał się ją jeszcze bardziej przerazić, studiując gesty przed lustrem, aby wywołać więcej strachu.

Juvenal żartuje z cesarza Ottona, który "uważał swoje lustro za jeden z głównych elementów swojego militarnego utrudnienia" (*Satyry,* II).

Apuleyo musiał się bronić przed oskarżeniem o praktykowanie magii przez lustro.

Konstrukcja Lustra to podróż przez wiedzę, która wpływa na nas i stanowi o nas, ciągła i nieliniowa podróż przez osie czasu. Blizny odziedziczone po tych fragmentach, które ocalały z zapomnienia, zatrzęsły się między znakami zapytania, ciepłymi pozostałościami tylko odbicia.

96. W czasach starożytnych, 3 było fatalną liczbą.

Dla Virgila, "Bóg lubi nieparzysty numer".

Pitagorejczycy przysięgali na "święte Tetraktys" lub "kwadrat 4". Obieg kwadratu: 1 + 2 + 3 + 4 = 10; kwadrat koła: 10 = 1 + 2 + 3 + 4.

Harussianie uważali, że to, co pojawiło się po lewej stronie, we wschodnim sektorze nieba, to dobry omen: *pars sinistra* lub *familiaris*. Na prawo, w sektorze zachodnim, niekorzystne: *pars dextra* lub *hostilis*. W aruspicialnym leksykonie "to, co jest przeciwne", "to, co stawia grupę w kryzysie", zostało opisane jako obsceniczne lub jako zły omen. W związku z tym nazwano je obscenicznymi, co stawia model danej epoki w kryzysie.

"Numer 3 to tata", mówi C. A. "Czwórka to Mama, która jest również 1, 2, 3, 4, to jest 5 i 6. Para jest dobra, pozytywna, lewa, słaba. To mama. Dziwne jest złe, negatywne, racja, mocne. To tata. Zastępuję mojego starszego brata, który urodził się martwy z powodu uduszenia krwią pępowinową."

Set, trzeci syn Adama i Ewy, oznacza "zastępstwo", ponieważ zastępuje on zmarłego brata Abla.

Odcięte głowy mamy lub taty patrząc boleśnie przez szczelinę utworzoną przez podwójne koła autobusów. Jeśli mama jest parzysta i praworęczna, a tata dziwny i złowrogi, nogi, reprezentujące każdą z nich, uderzają w podłogę pojazdu w seksownym, tikowym rytmie. W środku, C.A. strzela, rozdziela się, odchodzi.

97. Aby zbudować lustro, trzeba umieć je powielać. Rozwój liczby zbiega się w czasie z rozwojem istoty.

"Istniejący" oznacza podwójny, a "podwójny" jest wyświetlany w złowieszczym. Myślę o podwójnej helisie DNA, łańcuchu aminokwasów, skręcie, w którym każde ogniwo projektuje się powielając w drugim. Ale tylko wtedy, gdy możemy się rozwijać, uświadamiamy sobie, że to złowieszcze, a wtedy jest już za późno.

98. Zniszczenie Wieży Babel

Pierwszego dnia wiosny księża różnych wyznań gromadzili się od rana na tarasie budynku, aby dojść do powszechnego porozumienia co do tego, która z nich jest prawdziwą religią. Potrzeba było wielu lat, aby to spotkanie stało się rzeczywistością. Spotkania i spory w tak różnych sprawach - astronomicznych, kosmogonicznych, odnoszących się do kryteriów pomiaru czasu - utrudniały uzgodnienie daty, która nie pokrywała się z uroczystymi obrzędami poszczególnych stron.

Pęknięcie kształtów, dźwięków i kolorów było procesją wiernych. Ubrani w stylu każdego reprezentowanego narodu, nosili tradycyjne symbole i banery. Niektórzy maszerowali pieszo; inni jechali rydwanami niosąc owoce swoich krajów; ale masy szły pieszo. Wśród nich były grupy, które recytowały modlitwy na cześć swoich bóstw lub pieśni otuchy dla swojego przewodnika duchowego, podczas gdy oni tańczyli w rytm instrumentów dętych i perkusyjnych przez rampę wejściową do budynku, aby pomieścić się w momencie ich przybycia.

Zgodnie z planem, każdy kult miałby szansę wyrazić się o dobroci swojej moralności, o miłosierdziu swoich bogów, o korzyściach, jakie dał swojej trzodzie, a przede wszystkim o głębokim znaczeniu swoich tajemnic. Po tym nastąpi runda pytań, w trakcie której uczestnicy będą mieli możliwość wyjaśnienia swoich wątpliwości, oraz debata końcowa.

Zjazd odbył się w atmosferze tolerancji, serdeczności i szacunku; po raz pierwszy uprzywilejowano pokój i jedność między ludźmi, co było interpretowane jako dobry omen.

Na rampie zwykli ludzie walczyli o najlepsze lokalizacje, pchając się nawzajem dookoła, co powodowało lawiny, które prowadziły do małych walk. Chóry oddechowe każdej frakcji mieszały się w krzyku.

Na górnym piętrze publiczność uważnie przysłuchiwała się prezentacjom, mniej interesująca niż wykrycie ciemnych punktów z zamiarem późniejszego skonfrontowania mówcy z jego własnymi sprzecznościami. Zaangażowani w to zadanie ambasadorzy wiary nie wiedzieli, co dzieje się na zewnątrz.

Wierni posługiwali się mniej wyrafinowanymi metodami, aby wyrazić swoje różnice; apelowali do walki, do łokcia, któremu towarzyszyły obelgi, do zranienia się ostrą bronią. Wężowa rampa, która kręciła się wokół budynku, stała się quagmirem, niezróżnicowanym zgrupowaniem ludzi, którzy reagowali jako całość i mechanicznie, gdy pojawiła się próżnia. Za każdym razem, gdy wyrzucano martwe ciało, otwór zamykał się ponownie bez śladu jak w piasku.

Przekąskę serwowano w towarzystwie regionalnych win i hojnych likierów, aby ugasić pragnienie pogłębione przez południowy upał, kiedy to północny wiatr zaczął mocno wiać, aż przekształcił błękit nieba w czarne chmury, które wkrótce ukryły słońce.

Walki nasilały się na różnych poziomach zewnętrznej spirali. Zapach krwi płynącej z rannych zdawał się być przynętą dla masy. Na wysokości szóstego piętra rozpalili ogień, który zamienił ten sektor budynku w mrowisko, ciągły ruch, w którym rozwiązane osoby zderzyły się ze sobą podczas biegu, a ci, którzy upadli, zostali zmiażdżeni przez tłum. Nie bez trudu udało się zgasić płomienie za pomocą wody zarezerwowanej dla najmłodszych i wina wyzwolenia. Klapki dymu były popychane przez wiatr, aż stopiły się w czerń chmur.

Nadeszła kolej na księdza, by spowiadać się w mniejszości. Jego rozczarowany wygląd kontrastował z przeładowanym luksusem ubioru innych ludzi, dlatego patrzono na niego z podejrzliwością i unikano go; z tego powodu został zdegradowany na ostatnie miejsce. Z kręconymi włosami i nieokiełznaną brodą, miał na sobie poszarpaną, brudną, wyblakłą szatę sięgającą do kostek i sandały ze zużytej skóry, które świadczyły o tym, że dużo chodził. Jednak w jego wyrazie było coś, co budziło szacunek; przede wszystkim zagubione spojrzenie, utrwalone w punkcie poza widzialnym, mieszanka błędnego ukierunkowania i jasności godnej tych, którzy kontemplowali Boskie oblicze. Wystąpił do przodu i zaczął przemawiać:

Obywatele świata. Jak wszyscy tutaj, zostałem wyznaczony do ujawnienia woli moich wiernych. Ale po uważnym ich wysłuchaniu i przeanalizowaniu każdej propozycji doszedłem do następującego wniosku: każdy jest przekonany, że jego własna religia jest jedyną prawdziwą i dlatego wszystkie inne są fałszywe.

Jego słowa przerywały szmery, które rosły w siłę, aż uczyniły to, co mówił, prawie niesłyszalnym. Żandarm musiał uderzyć kilka razy kijem przywołując zgodę, aby przywrócić ciszę:

Który z nas, kontynuował, nie przestaje myśleć o intymności, że ten drugi musi się mylić? Kto nie odważy się kpić z przekonań innych, powinien posunąć się do przodu. Zauważając, że nikt się nie wyróżniał, kontynuował: w ten *sposób nie uda się nam osiągnąć powszechnego porozumienia. Bo jeśli prawda jest tylko jedna, to jasne jest, że wszystkie religie nie mogą być prawdziwe.*

Proponuję następujące...

Od tego momentu pojawiła się niepokojąca sytuacja. Słuchacze musieli być świadkami spustoszonego spektaklu. Bo z ust kapłana płynęły teraz dźwięki jak bełkot orata, którego znaczenia nie sposób było zrozumieć. I chociaż każdy z obecnych potwierdził swoje podejrzenia, nikt nie był w stanie omówić ich z tym, który był obok.

W międzyczasie ludzie próbowali przebić się przez ogrodzenie ustawione przez strażnika na górnym piętrze, którzy nie byli przygotowani do dźwigania tak dużego ciężaru. Okrągły budynek zaczął się kołysać.

Na rampie, dwie siły zderzyły się w nieładzie. Jedna grupa z trudem wstawała, druga desperacko schodziła z tarasu. Ściany zewnętrzne popękały i kawałki muru spadły gwałtownie na tych, którzy zeszli na dół i uważali się za bezpiecznych. Nie było nawet możliwe wdrożenie jakiejkolwiek strategii ratunkowej, ponieważ przy zdezorientowanych językach nikt już się nie rozumiał. W ten sposób wieża Babel została zniszczona.

99. Kiedy otwieramy żaluzje w jadalni i światło przenika do środka, wszystko się świeci. Mroczny znika, by zastąpić go znajomym. Świat muzealny traci swoją tajemnicę. Słońce może zrobić więcej niż żyrandol kaireli i kryształowe łzy. Wszystko ożywa, gdy są ludzie!

Stary błyszczący mahońkowy rekordzista, z zielonymi i czerwonymi światłami i gadającymi pergaminami, wskazuje na centrum moich zainteresowań. W 78 R. P. M., płyty z makaronem chrupią w tle muzyki.

Słowa, znaczniki, nie mają znaczenia; tylko znaczenia, które im nadajemy, są tego warte.

Uczymy się mówić, zanim zrozumiemy, co mówimy. Powtarzamy całe zdania, nie podejrzewając nawet ich znaczenia. Ale skoro i tak o nich mówimy, pozostaną na zawsze.

Piosenka *Salve Argentina*. Jego ostatni werset: "Tak długo jak bije moje wierne serce". "Palpite" oznaczał dla mnie imię bohatera, bez wątpienia bohatera. "Mifie", zamiast "moi wierni", pochodziło od rzekomo nieskończonego "mifiara". Wyobrażałem sobie, że ten człowiek, Palpite, cierpi na coś, co dotknęło jego serce i doprowadziło do jego śmierci. Kiedy śpiewałem tę piosenkę, która była obowiązkowa do noszenia flagi przy wyjściu ze szkoły podstawowej, czułem szew w klatce piersiowej w miejscu, w którym myślałem, że jest moje serce. To znaczenie, wraz z towarzyszącym mu uczuciem, trwało przez kilka lat. Dużo później dowiedziałem się o jego konwencjonalnym znaczeniu i odkryłem, że podobne rzeczy zdarzały się moim kolegom z klasy, którzy wtedy żartowali i używali go w podwójnym znaczeniu.

100. Częściowe zwycięstwo

W okolicy mówiono, że podczas zimowych nocy pan Manuel Saiders rozmawiał z lustrem na komodzie w sypialni. Mówiono, że na początku relacja między człowiekiem a lustrem była serdeczna, aż przyjacielskie rozmowy przerodziły się w dyskusje. Spory prowadziły do walk; najpierw werbalnie, a potem do działań. Sposób, w jaki Saiderzy patrzyli w tym czasie, był zgodny z tym, co mówili o nim sąsiedzi. Pokazał siniaki na czole, na obu policzkach i przecięciu w poprzek brody. Zapytany o to, co się stało, odpowiedział, że został zaatakowany i, nie podając szczegółów, kontynuował swoją drogę. Ta skromność nie odpowiadała znanemu nam Manuelowi Saiderowi, bo chociaż brakowało mu minimalnego daru współczucia, to jednak zatrzymywał się i rozmawiał z ludźmi na bloku, zwłaszcza z moim ojcem.

Nagle przestaliśmy się z nim widywać. Kilka miesięcy minęło bez naszego przesłuchania od Saiderów. Jego nieobecność zaniepokoiła mnie; nie chodziło o to, że za nim tęskniłam, ale przywykłam do tego, że codziennie go widziałam, a on stanowił, jak wówczas myślałam, zasadniczą część biegów codziennego życia. W dni powszednie wpadałem na niego w drodze do domu ze szkoły, kiedy przechodziłem obok jego domu, gdzie założył mały warsztat stolarski. Kiedyś siedział na stołku z drewna sosnowego w postawie kontemplacyjnej i odpowiadał na moje powitanie drobnym gestem, ledwo kłaniając głowę, przynajmniej tak mi się wydawało. Trzymał się z dala ode mnie tego, co 50 lat nakłada na 11-latka.

Około dziewiątej rano, w soboty zatrzymywał się, żeby porozmawiać z moim ojcem. Mówili o boksie i polityce w przyjemnym, ale namiętnym tonie, a ja nigdy nie słyszałem, żeby mówił złe słowa. Jego zły charakter był przysłowiowy, za co zasłużył sobie na przydomek "ten gorzki", epitet słyszany po jego pierwszym imieniu. Był krytyczny wobec wszystkiego; nic i nikt mu się nie podporządkował. Gospodarka, przerwy w dostawie prądu w lecie, brak ciśnienia gazu w zimie, urzędnik, wilgotność, to, że... Myślałem, że mój ojciec lubi narzekania i nastroje, inaczej nie mogłem zrozumieć, jak on słuchał go tak uważnie, bez uśmiechu, i że czasami zapraszał go do środka z kieliszkiem grappy. Zamiast tego, wkurzył mnie, więc wymyśliłem pewne strategie, aby zmusić go do odejścia. Wymyśliłbym fikcyjne telefony, które wymagałyby natychmiastowej uwagi mojego ojca.

Kiedy zobaczyłem, że nadchodzi zimowy poranek, byłem zachwycony. W tym czasie cierpiałem na bardzo intensywne uczucia, niemożliwe do opanowania. Powszechne było płakanie z łatwością przychodziło w obliczu smutku, a także z radością. Ponadto, kiedy czułem się jak miły dorosły, przez moje ciało przebiegały dreszcze z tyłu szyi w kierunku ramion. Kiedy ostrzegałem Saiderów i to, że będę pierwszym, który powie ojcu, jak tylko wrócę z pracy, musiałem ciężko pracować, aby powstrzymać przepływ łez.

Było bardzo zimno. Usiadłem na progu domu po drugiej stronie ulicy, żeby się ogrzać po słonecznej stronie. Saiderzy przychodzili spacerując za rogiem, potrząsali jego głową, potrząsali i pocierali rękami pokrytymi poobijanymi, rozdartymi skórzanymi rękawiczkami, które pozostawiały w środku odsłonięte strzępy skóry jagnięcej. Z jego ust wydobywał się dym, który otwierał się i zamykał, jak gdyby śpiewał, ale z chodnika z daleka zauważyłem, że rozmawiał z kimś, kogo nie było. Udało mu się wyemitować dwa różne tony głosu, z których jeden został narzucony, znacznie niżej niż zwykle. Byłem przerażony.

"Jak się pan ma, panie Saiders?" Powiedziałem. Nie odpowiedział mi. Nie mogę być nawet pewna, czy by mnie zobaczył. Zatrzymał się i odwrócił swoje nieobecne oczy do miejsca, w którym siedział. "Spojrzałem na niego, a on spojrzał na mnie. Patrzyłam na niego mocniej, a on patrzył na mnie znacznie mocniej niż ja. Więc... Patrzyłem na niego znacznie mocniej..." Nie mogłem stwierdzić, czy zwracał się do mnie, kiedy mówił, wydawało mi się, że nie.

Zastanawiałem się, czy w tym momencie, jak szeptano w okolicy, będę rozmawiał z tym rozmówcą, z którym zmierzę się w nocy przed lustrem. Nie, nigdy w to nie wierzyłem. Ojciec tłumaczył mi, że to tylko rozmowa. Ale było jasne, że osoba, którą witałem, miała niewiele wspólnego z panem Saidersem, którego znałem. Wręcz przeciwnie, był osobą wykształconą, która nie wykonywała nieprzyzwoitych gestów ani nie przeklinała. Ten drugi nie rozmawiał ze mną, a ten tak. Ale ten człowiek, czy on ze mną rozmawiał? Czy wiedział, kim jestem?

"Wiesz, kim jestem?" Zapytałem go desperacko. Pochylił się, spojrzał na moją twarz z wyrazem nieufności, spojrzał na mnie uważnie swoimi zmrużonymi oczami, a kiedy myślałam, że mnie zidentyfikował, nagle zaczął mówić o sprawach kobiet dwoma głosami, w niegrzecznych słowach, które ze zdziwieniem usłyszałam od starszej osoby. Mówili - tak, w liczbie mnogiej, bo to był dialog - o kobiecym wnętrzu, które określali jako nieproporcjonalną, niewyobrażalną przestrzeń, która wzbudzała we mnie uczucie strachu; wywyższony ton obu głosów różnił się czasem od rejestru do krzyku. Wstydziłem się, próbowałem uciekać, ale strach mnie powstrzymywał. Po euforycznej kulminacji, znów był spokojny. Wtedy milczał, z zawieszonym spojrzeniem, z gestami oznaczającymi rozpacz i głębokie cierpienie. W tym momencie wydawało mi się, że rozpoznaję siebie, choć nie mogę powiedzieć na pewno, bo po tych kilku sekundach ciszy wróciłem do poprzedniego tematu, aby wznowić przemówienie w tym samym miejscu, w którym je opuściłem. Teraz byłem pewien, że się nie zamelduję. Nie zahamowany, zaczął obrażać dwoma głosami, jednym wysokim, drugim niskim; złapał się za szyję, jakby była czyjaś inna, walczył z samym sobą, złapał się za rękę, ramię lub nogę i krzyknął. Oskarżył tego strasznego rywala o kradzież żony. Potem odchodził i zbliżał się z groźną pięścią, szkwałą, krzyczał i płakał. To było oczywiste, że cierpiał.

"Podszedłem, a on przyszedł do mnie. Potem spojrzał na mnie. I spojrzałem na niego. Mocno na mnie spojrzał..." W tych spotkaniach zbliżania się i oddalania, patrzenia i patrzenia, po wypowiedziach na temat kobiety i jej upiornego wnętrza, pan Manuel Saiders zdawał się ryzykować życiem.

W okolicy mówiono, że wszystko zaczęło się podczas jednej nocy zeszłej zimy. Około godziny dwunastej usłyszeliśmy krzyki, obelgi i tłuczenie szkła. Nagle zobaczyli, jak pan Saiders wychodzi nagi i biegnie ulicą, jakby kogoś gonił. Prosił o pomoc, o aresztowanie osoby o niemieckim nazwisku, której nikt nie widział ani nie rozumiał. Jego ręce były zakrwawione i od czasu do czasu trzymał je przy twarzy, po czym potykał się o puszki na śmieci, które przewróciły się na jego drodze. Zrobił przebijające się wrzaski i oskarżył nieznajomego o zabranie żony i wszystkich pieniędzy. Mówił o rzekomym agresorze jako o strasznym wrogu posiadającym ogromną i zagrażającą męskość. On płakał.

Przyjechał samochód patrolowy. Na początku, ponieważ policjanci mu uwierzyli, przeprowadzili nieudaną operację przeszukania. Wtedy postanowili zadzwonić do domu wariatów, ale w obliczu sprzeciwu sąsiadów musieli się poddać. Jeden z nich zaproponował, by zadzwonić do siostry Saiderów i zająć się nim, co zostało jednogłośnie przyjęte.

Po wejściu do jego domu, agenci zostali skonfrontowani z chaotycznym krajobrazem. Meble były przewrócone, na podłodze rozrzucone były rozbite ozdoby, wszystko wskazywało na walkę. Mieli trudności z otwarciem drzwi do sypialni, trzeba było je wyłamać. Kiedyś w sypialni odkryli, że jest zamknięta od wewnątrz, tajemnica, która nie została odkryta. Nad podwójnym łóżkiem znajdowała się plątanina splątanych prześcieradeł pokrytych krwistymi fragmentami i lustrzanym pyłem, włosami łonowymi i długimi zamkami kręconych włosów. Wtedy siostra przyjechała karetką i zabrała go.

101. Lichtenberg zaproponował zastąpienie, tak jak uczynił to również Hume, bezosobowymi czasownikami - przegrzanie, grzmot, piorun - tych czynności, które klasycznie odnoszą się do sumienia. Mówiąc, na przykład, "jeden sen", "jeden myśli", zamiast poprzedzać zdanie zaimkiem I. Tak ostra obserwacja miała zostać wykorzystana przez "wielkich mistrzów podejrzeń", Nietzschego i Freuda. Z tej propozycji ukuty został termin "*Ello*".

Zamierzał dezaktywować symulakr, który dla niego stanowił wyraz języka, poprzez odcięcie ich na ich skrzyżowaniach. Myślałem, że w ten sposób dostanę autora, który zajmie status cienia.

108. Fabuła zawiera projekt osobistej historii, do której mamy dostęp tylko poprzez jej zewnętrzny wygląd. To jest podobne do haftu, aby spojrzeć na osnowę trzeba odwrócić tkaninę, odwrócić ją. Ponieważ nie ufamy fascynującemu zewnętrzu, musimy wiedzieć, jak to jest po drugiej stronie.

Haft, podobnie jak objaw, jest związany w czasie. Obserwowanie przyczyny od tyłu będzie dla nas nieprzyjemne. Musimy chodzić w ukryciu. Pociągnięcie nici w pośpiechu może zdeformować haft, a co gorsza, zerwać go.

Haft, inna forma lustrzanego odbicia; za nim, na nieprzezroczystej powierzchni, znajdują się pęknięcia; pęknięcia, które dają nam wyobrażenie o sensie, jaki miała konstrukcja lustra.

Pęknięcia z tyłu lustra i węzły w hafcie pokazują pętle i małe otwory, przez które przechodziła nić i igła.

Musimy psychicznie cofnąć nasze kroki, aby odkryć tajemnicę, klucz do jej zbudowania. Odczep się. Przelew. Wracaj. Ale przy każdej próbie odtworzenia naszych kroków, igła z trudem zmienia projekt i próbuje nas ponownie olśnić. Rzemieślnik krytykuje jego pracę: "Nie podoba mi się to, jest zła".

109 Przekładanie obrazu percepcyjnego na obraz i obrazu na słowo. Formować powierzchnie czołowe z chmurami lub z plamami na arkuszach testowych Rorschacha. Życie, metafora przeszłości, historia metaforyzowana w wiecznym powrocie.

Chciałbym napisać *Organ* lub Traktat o Lustrze, zadanie, które zakłada traktowanie materii lustrzanej, obrazów, które rodzą się i rosną, które rozmnażają się i umierają ze spojrzenia. Niezależnie od tego, czy jest to zabieg terapeutyczny, czy też forma grzecznościowa, każdy zabieg zakłada jakiś temat. Okazuje się jednak, że po znudzeniu się retoryką potężnej siły wyruszyłem na powierzchnię, aby skupić się na warunkach. I oprzeć się. Chodzi o wymyślenie nowych strategii radzenia sobie z chaosem, który nadchodzi naszą drogą. Musimy obalić podstępny porządek, który ma tendencję do udomawiania nas poprzez zmuszanie nas do życia w systemie. Nie ma nic bardziej fałszywego niż relacje, struktury, całości. Musimy być ostrożni i nie ufać w zasadzie tym lustrom, które mają na celu umieszczenie nas w centrum rzekomej całości składającej się z części. Próbują nawet sprawić, byśmy za każdym razem, gdy działamy, czuli się winni, oskarżając nas o generowanie reakcji łańcuchowych.

Czasami, kiedy śpiewam, wyobrażam sobie los płynących ze mnie fal dźwiękowych i nie chcę, aby wyrządziły one jakieś nieodwracalne szkody. I nawet jeśli zakryję usta, melodia rozleje się na cały świat. Pocieszająca jest dla mnie myśl, że być może istniejemy jako gatunek z powodu błędu lub zaniedbania, o które jestem oskarżony.

111. Guy de Maupassant nie widział siebie w lustrze. Przy wielu okazjach spotykał się ze swoim "sobowtórem". Podobne doświadczenia przeżyło wielu pisarzy. Poe, Dostojewski, Musset, Wilde, Stevenson i Kipling pozostawili w swoich pracach między innymi autoskopowe świadectwa tego "nieśmiertelnego ja" lub *ka, o* którym mówili Egipcjanie.

W *Meteorologii* Arystoteles stwierdza, że "człowiek może nagle zobaczyć swojego "sobowtóra", jeśli nie ma dobrego wzroku". Słabe widzenie zderza się z przeszkodą, zamglonym powietrzem, jakby było lustrem, oddając mu swój obraz".

W alchemii rtęć jest przedstawiana jako postać dwugłowicowa i często nosi słowo *rebus* (podwójna rzecz).

Niektórzy kabaliści twierdzą, że "prawdziwy "sobowtór" nie jest prostym odbiciem, nazywają go "tchnieniem kości", to ten, który wchodzi do grobu, nieczystym w swoich członkach i tak powstanie w dniu Sądu".

Podwójna helisa DNA, łańcuch aminokwasów, skręt, w którym każde ogniwo projektu się powielać w drugim.

W każdej grze jest dubler. W każdej grze, w każdej grze dziecka.

Jednak to właśnie literatura niemiecka wprowadza temat "podwójności", szaleństwa. Fantastyczne szaleństwo po raz pierwszy zostało napisane w języku niemieckim.

112. Część psychiatrii najbardziej związana z twórczością artystyczną nazywana jest nosologią. Specjalność, która mogłaby znaleźć się na rozpraszającej się granicy między poezją a sztuką plastyczną, jej produkty krystalizują się w jednostkach zwanych "obrazami". Są to genialne fikcje, których największa zasługa polega na tym, że udało im się skonstruować swego rodzaju logikę nieracjonalności. Z klasycznego podręcznika wyodrębniamy następujące prace:

(a) Zjawiska autoskopowe

Są to doświadczenia halucynacyjne, w których podmiot odbiera całe swoje ciało lub jego część (zazwyczaj tylko twarz lub biust, ale czasami także całe ciało), tak jakby patrzył na siebie w lustrze. Tego rodzaju duchy, które niektórzy artyści nazywają "zdeformowanymi obrazami ciała", widziane są zazwyczaj w ciemności.

Zazwyczaj osoba utrzymuje pewną świadomość życia nierealistycznym doświadczeniem i reaguje smutkiem lub drętwieniem.

Najbardziej reprezentatywne prace odpowiadają dr Paulowi Solierowi.

b) Zespół Capgrasa.

Praca ta, zatytułowana "Iluzja Sosjasza", jest podpisana, ponad słowem *pinxit,* przez francuskiego artystę, który opisał ją i datę, rok 1923. Reprezentuje on podmiot, który jest przekonany w delirium, że inni ludzie wokół niego nie są prawdziwi, ale są sobowtórami, którzy jako oszuści przyjmują rolę jednostek i zachowują się jak oni.

c) histeria.

W 1928 roku André Breton i Louis Aragon opublikowali artykuł w czasopiśmie, w którym ogłosili, że surrealiści mają obchodzić pięćdziesiątą rocznicę histerii, uważanej za największe poetyckie odkrycie XIX wieku, obraz, który powstał 21 października 1875 roku w Azylu dla Kobiet w La Salpêtière. W tekście tym podkreśla się późniejsze zdanie Babińskiego z 1913 roku: "gdy uczucie jest szczere i porusza duszę ludzką, nie ma miejsca na histerię".

113. Zdolność do fantazjowania, przekręcania prawdy, kłamania? Przeciwieństwem prawdy nie jest kłamstwo; awers i rewers to dwie strony jednej monety. To, co nazywamy "rzeczywistością", musi być interpretowane i to, co wydaje się słuszne, jest mylące. ἀναμόρφωσις, transformacja), czyli perspektywa w służbie oszukania oka lub zespołu Möbiusa (jedna twarz weryfikowalna dotykiem).

114. Granica

Niewielki obszar, który dzieli te dwa kraje, jest sprzeczny. Muszą go stale pilnować strażnicy, gotowi do podjęcia działań przy najmniejszych oznakach ataku wroga. Żołnierze obu stron, którym powierzono tę misję, od wielu, wielu lat poddawani są ciężkim testom inteligencji i odwagi.

Tam ludzie żyją w ciągłym pogotowiu, każdy z kwestionowanych narodów może w każdej chwili rozpocząć działania wojenne, a biorąc pod uwagę skomplikowany system ofensywno-obronny, drobny błąd może być interpretowany przez wroga jako oznaka wojny, która wywołałaby katastrofę. W ramach prewencji system ten wymaga stałego szkolenia. Każda ze stron stworzyła skuteczną służbę wywiadowczą (Szpiegowanie i Kontrwywiad), aby móc przewidywać plany przeciwnika. Szpiegowanie, szkoli swoich członków w rozeznawaniu prawdy lub fałszywości przechwyconych wiadomości, co jest zadaniem wykonywanym przez ciało hermeneutyki, i natychmiast przekazuje wynik do kwatery głównej operacji. Główną funkcją kontrwywiadu jest wykrywanie przeciwstawnych szpiegów, a po ich złapaniu zmuszanie ich do wysyłania fałszywych wiadomości do swoich baz.

Biorąc pod uwagę skuteczność tych usług, większość wydawanych komunikatów jest nieprawdziwa - co nie musi oznaczać, że mogą być one legalne lub całkowicie fałszywe - i podkreśla ich paradoksalną bezużyteczność. Próbowano zaradzić temu niepowodzeniu, tworząc specjalne grupy, choć w obawie przed obecnością infiltratorów - w istocie są i wiele z nich - zaanektowały one miejsca weryfikacji drugiej i trzeciej instancji, które również mają tendencję do niepowodzeń.

Na przestrzeni lat utrzymywanie się konfliktu doprowadziło do wzrostu liczby zaangażowanych w niego osób, które podobno zajmowały wysoki odsetek ludności, wykonując zadania zarówno aktywne, jak i bierne. Rozpowszechniane są jedynie nieformalne szacunki, które są zwiększane lub zmniejszane w zależności od politycznej wygody sytuacji. Ponadto należy wziąć pod uwagę inne fakty:

(a) Ludzie w jednym kraju sympatyzują z drugim z różnych powodów (ideologicznych, religijnych, politycznych).

b) W obu krajach znajdują się osoby urodzone na terytorium wroga, które są podejrzane o współpracę i znajdują się pod ścisłym nadzorem.

c) Istnieją podwójni szpiedzy, z których wielu jest tolerowanych dla wygody obu stron.

Istnieje dział zajmujący się wyłącznie przekupywaniem agentów wroga, aby wysyłali swoje podstępne wiadomości; po wygraniu sprawy są oni dotowani, aby mogli prowadzić godne życie, ale nawet jeśli nie są publicznie ujawniani, nie ufa się im.

Kiedy odwiedza się strefę buforową, ma się wrażenie, że dzieje się coś strasznego i trudno się zgodzić z opinią mieszkańców obu państw: myślą, że nigdy nie było i nigdy nie będzie żadnego działania wojennego. Obu krajom udaje się utrzymać pokój dzięki wysoko wykwalifikowanym dyplomatom z wpływowymi sojusznikami na forach międzynarodowych.

Podwójna linia graniczna jest doskonale kontrolowana i niemożliwa do przekroczenia. Jednakże, szpiedzy wkraczają przez inne regiony, które są nie mniej pilnie strzeżone. Trudno jest dostrzec całość tej złożonej organizacji, tym bardziej, że fakty przejawiają się jednocześnie zgodnie z wyimaginowaną i konwencjonalną demarkacją, która zajmuje powierzchnię zaledwie dwudziestu dwóch centymetrów kwadratowych.

115. Lustro jako przymus do powtarzania.

Powtarzać to naśladować, udawać, działać.

Jako aktorzy nie zawsze udaje nam się rozpoznać siebie nawzajem. Czasami możesz być aktorem, a nie wykonawcą. Wtedy można lub należy symulować jouissance, tak jak w histerii: fasetowany na kawałku kryształu skalnego, którego blask fascynuje. Porfir utrzymuje, że "sam Bóg, który nie może być widziany ani przez ciało, ani przez duszę, pozwala się zobaczyć w lustrze". Być może dlatego *Kabała* potwierdza, że "*Binah* - zrozumienie, żeńska część przeciwstawiona *Jojmie* - jest lustrem, w którym Bóg cieszy się kontemplacją samego siebie".

Histeria. Moebius i Strümpell zdefiniowali to jako "wszystkie chore przejawy ciała przez przedstawienie"; Charcot jako chorą *sine materia*: a Henry Ey, "patologia simulacrum".

116. Fałd

Czepiam się reszty snu. Jest to marzenie, o którym marzyłem kilka razy, a które zawiera elementy, które wydają się kluczowe dla zrozumienia ludzkiej natury.

Próbowałem odzyskać czuwanie, aby poświęcić się jasnemu myśleniu i móc rozszyfrować sen. Ale jeden z aspektów mnie, ten który wstrzymuje sen, został utracony i usunięty z mojej świadomości. Zabawna rzecz, jest obecny, a jednak zapomniany.

Kiedy zasypiam, reszta snu znika, a na jego miejscu pojawia się kawałek czuwania, przesuwając go i nie dając mi spać.

Moje życie zostało zakłócone, zawsze jego część działa dla mnie w sposób odwrotny do tego, czego oczekiwałem. Coś zostało odwrócone, zostało złożone, tak jakby włókna mojego mózgu zostały złożone na małym obszarze, co spowodowało obecność rewersu na awersie i na odwrót. To musi być powód, dla którego nie śpię ani się nie budzę: żyję we śnie i śpię w stanie czuwania.

Konsultowałem się z różnymi specjalistami. Psychologowie wskazują rozwiązanie chirurgiczne, neurochirurdzy kierują mnie do psychoterapii.

Czasami wydaje mi się, że wiem, co powinienem zrobić, ale kiedy dochodzę do punktu zgięcia, moje pomysły nagle się zmieniają; zaczynam rozumieć, a potem zaprzeczać samemu sobie.

Wierzę tylko w jedno rozwiązanie: włożyć w miejsce fałdu moich pomysłów mały węzełek lustrzany.

117. Labirynt to urządzenie zbudowane specjalnie po to, by zagubić się w środku i zostać pożartym przez potwora.

Takie jest prawo: labirynt, ciało erotyczne i słowo. Zagadki, zagadki, puzzle.

Labirynt to gra w pogoń, w opór, gdzie w końcu, jak w życiu, da się złapać.

118. Istnieją różne procedury. Najczęstsze jest danie się złapać, przyznanie się do porażki po udawaniu walki, aby jej uniknąć. Hasłem przewodnim byłaby ucieczka. Nie akceptacja rzeczywistości, nie konfrontacja z obrazem zwracanym przez lustro.

Kiedy dusza opuszcza ciało, nie może już się odbijać ani rzucać cienia; pojawiła się śmiertelna dziura.

Szalone procedury istnieją, ale hiper-racjonalność może również maskować większe szaleństwo. "Pomysły się nie zabijają", od depresji; "książki się nie gryzą", od schizofrenika ściganego przez wściekły tom. Ale mimo wszystko, Cervantes miał rację, jasne jest, że nadmierne czytanie wysusza mózg i generuje szaleństwo. Problem wiedzy stanowi więc zasadniczy dylemat ja.

119. Nie znoszę już śpiewania ptaków. Przechowuje się w uszach, naciska na głowę, a to przyprawia mnie o mdłości i zmusza do śpiewania.

120. Przezroczysta, bezbarwna substancja. Subtelne, niewyczuwalne. Eteryczne, ulotne. Podwójny" nie jest widoczny. Nie widzisz podwójnej.

Tylko alkohol, gorączka, syfilis i szaleństwo.

Wiemy, jak rozpoznać siebie w lustrze, pomimo czasu i zmian. Wiemy, jak odróżniać się od innych, od mnogości innych.

Wiemy, jak rozpoznać bycie takim samym, nawet w anonimowości tłumu. Wiemy, jak być jednostkami, istotami uczciwymi. Ale tak długo jak jest światło. O zmierzchu atrybut ten się nie liczy i tam właśnie mają miejsce zdarzenia.

121. Lustro istnieje tylko dla ludzi. Tylko nam udaje się zdać sobie sprawę, że to coś więcej niż tylko zwykłe niebieskie szkło (choć w naszej intymności je znamy). Nasz rodowód jest budowniczym lustra, ale także, nie szukając go, budowniczym duszy.
Lukrecjusz powiedział: "Nie wolno nam wierzyć, że dane nam było widzieć.

122. Pewien niewidomy poprosił o postawienie go przed pełnowymiarowym lustrem; ale żartowali z niego, instalując go przed drzwiami.

Niewidomy, wierząc, że znajduje się przed lustrem, poruszał się w różnych kierunkach, mając pewność, że wiedział, że mu się odbija.

Ktoś otworzył drzwi, niewidomy poczuł lekką bryzę, którą zinterpretował jako swój własny obraz.

Dzisiaj jest pewien, że odzyskał wzrok.

123. Konstrukcja lustra to *déja vu*. Naładowany starymi nadziejami, umożliwia hermetyczne spotkania z samym sobą, osobiste aspekty, które pozostawiamy opuszczone na rozdrożu.

Moje ręce są zużyte po zrobieniu mieszanki i utworzeniu amalgamatu. Moje ręce są zmęczone polerowaniem i wypalaniem.

Odkryłem pewne zbieżne okoliczności. A kiedy zbiegów okoliczności jest mnóstwo, prawdy się zdarzają, prawdy, które nigdy nie będą prawdą.

Kiedy próbowałem skonstruować lustro, skorzystałem z okazji, by kontemplować siebie, wypowiadałem te słowa, które pozostały mi z boku z zamiarem skrystalizowania ich w moim sumieniu. Każde spojrzenie, każde wspomnienie, każda lektura, były przyciągane do spekulatywnego światopoglądu. Dzieciństwo tworzy mity i słowa, które będą trwały wiecznie. Rzeczywistość uchwycona przez język, przetłumaczona z odurzającej logiki.

125. bardziej niż zbudowanie lustra, wierzę, że udało mi się je otworzyć, aby spróbować przeniknąć przez jego pory, które nie różnią się od moich. Odkryłem na nowo na wpół zapomniany język, świat skonstruowany w oparciu o logikę, która narodziła się w moim własnym dzieciństwie.

Bardziej niż zbudowanie lustra osiągnąłem jego zniszczenie, mając pełną wiedzę o siedmiu latach pecha.

Kiedy czyściłem go papierem nasączonym palącym się alkoholem, mogłem obserwować zmieniające się kolory, które pojawiały się na powierzchni, a narkotyczny zapach jasnoniebieskiego paliwa przenosił mnie w czasy już przeżyte. Każdy obraz ma swój specyficzny zapach; każde odbicie wywołuje zmysłowy obraz.

Próbowałem przedostać się przez labirynt, który znalazłem, gdy zakradłem się do lustra. Uważam teraz, że możliwe jest obejście pułapki. Nie każda ścieżka jest wyznaczona z góry. Chyba można nie dać się złapać w pułapkę na zawsze.

126. Siedemnastego dnia września otwarto "El Espejo". Zbudowany i zaprojektowany z żywego materiału. Lustro to nie pozwala na odbicie stałej materii, jego krystalizacje są żywe: ścinki doświadczeń, snów i innych żywych myśli.

Intencją jego budowy jest stworzenie przestrzeni, z której można obserwować własne wnętrze, ale z możliwością powrotu, powrotu.

Przejście przez lustro jest niekończącą się ścieżką, jak również jego konstrukcja.

Ceremonia otwarcia jest pretekstem, sztuczką, prostym ćwiczeniem.

127. Zwroty wypowiadane przez dawców słów.

Gry, których język nie wybacza.

W końcu, każde słowo jest kłamstwem.

Wskaźnik onomastyczny na fragment

Spis treści

Printed by Books on Demand GmbH, Norderstedt / Germany